[新版]面白くて眠れなくなる元素

左巻健男

PHP文庫

○本表紙図柄＝ロゼッタ・ストーン（大英博物館蔵）
○本表紙デザイン＋紋章＝上田晃郷

はじめに

森羅万象を織りなす元素の世界へようこそ！

私たちのまわりには自然の世界があります。石あり、土あり、植物あり、動物あり、人間あり、川あり、海あり、空あり、星あり……の美しく豊かな世界です。そんな世界をつくっているのは約一〇〇種類の元素です。

本書は、元素の世界を面白く役に立つ話題に結びつけて、やさしく紹介しています。

元素についての本というと、化学式やくわしい原子構造などが次々と紹介される場合があります。しかし、本書は、学校で習った理科は苦手でも、知的好奇心をもって元素の世界を知りたい人に向けて書きました。

読んで欲しいのは次のような人たちです。

・日々のニュースなどに出てくる元素のことを知りたい人
・元素の世界の面白さをやさしく知りたい人

元素を知ることは、身のまわりの世界がどうやってできているかを知ることになります。

またレアメタル、レアアースや放射能といったニュースの話題にも、元素の世界は大いに関係しています。

約一〇〇種類の元素（二〇二二年現在、全部で一一八種類）のうち、天然にあるのは約九〇種類です。その約九〇種類の元素が、すでに登録物質で、一億を超える地球上の物質や宇宙にある物質も含めて、さまざまな種類の物質を織りなしています。元素は結びつく相手や結びつき方を変えて膨大な物質群（万物）をつくりあげているのです。

たとえば、私たちヒトの体は約六割（質量）が水です。

水は水素と酸素の化合物ですから、水素と酸素が多いのは当然ですね。ほかには筋肉をつくるタンパク質、エネルギー源になる脂肪、骨などですが、タンパク質や脂肪は有機物で炭素を中心とした化合物です。結局、質量比で、酸素六五パーセント、炭素一八パーセント、水素一〇パーセント、窒素三・〇パーセント、カルシウム一・五パーセント、リン一・〇パーセントの六元素でほとんどを占めています。

次に少量元素として、硫黄、カリウム、ナトリウム、塩素、マグネシウムで合わせて〇・八パーセント、微量および超微量元素として、鉄、フッ素、ケイ素、亜鉛、セレン、マンガン、銅、アルミニウムなどで合わせて〇・七パーセントです。

私たちの体をつくっている元素はそんなに多くないのです。それらの元素名を見て、自分の体と関連づけてどんな物質をつくっているかをイメージしてみましょう。たとえば、タンパク質はアミノ酸が結びついた集まりで、アミノ酸には必ず窒素原子があり、骨はリン酸カルシウムでリン、カルシウム、酸素からできています。

元素の世界には意外と知らないこと、面白いこと、不思議なことがたくさんあるということを知れば、学校で習った理科が苦手だった人でも、元素の世界に興味をもてるのではないでしょうか。

どのページを開いて読んでいただいても楽しい本になるように努めたつもりです。

それでは、一緒に元素の世界を楽しみましょう。

［新版］面白くて眠れなくなる元素　目次

Part I　原子番号1～18

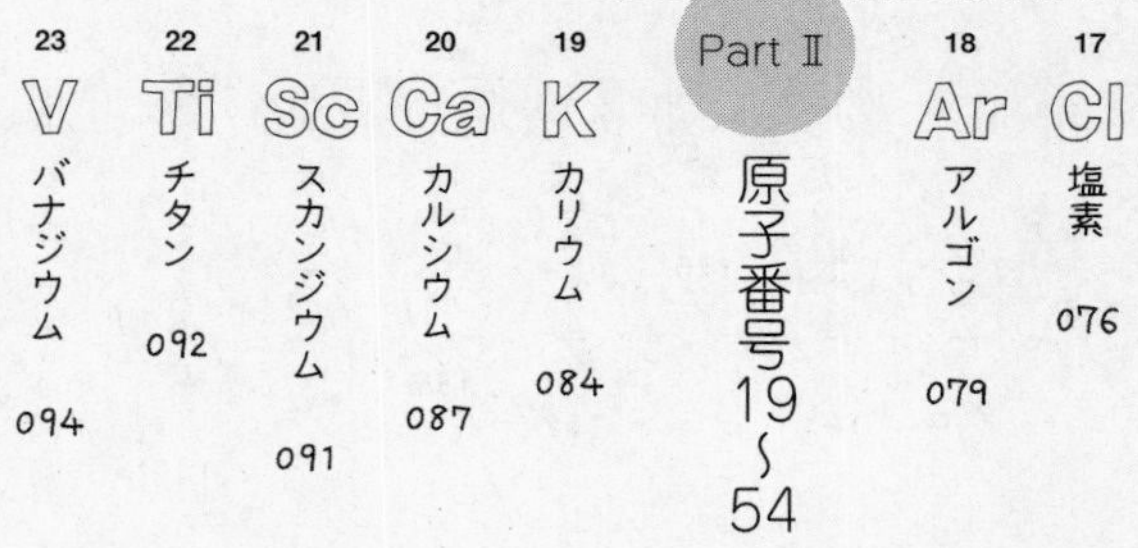

Part Ⅱ 原子番号19〜54

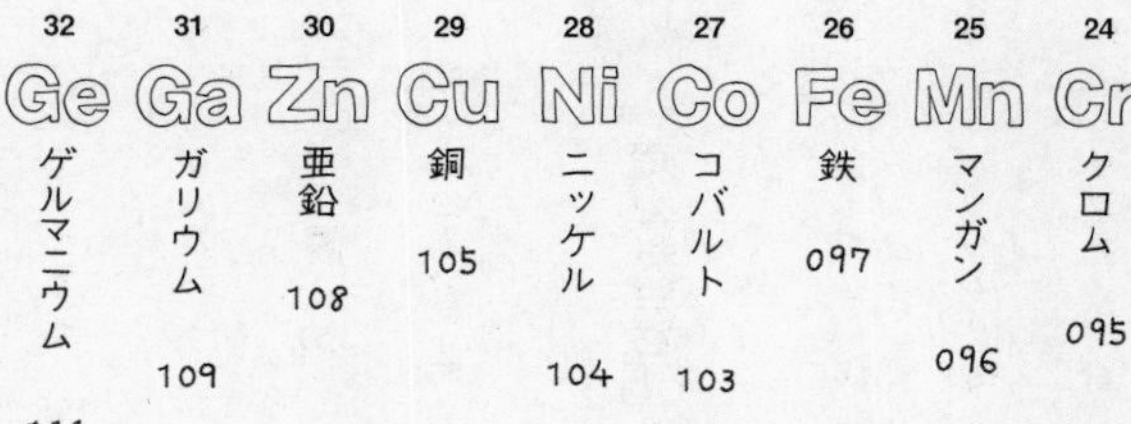

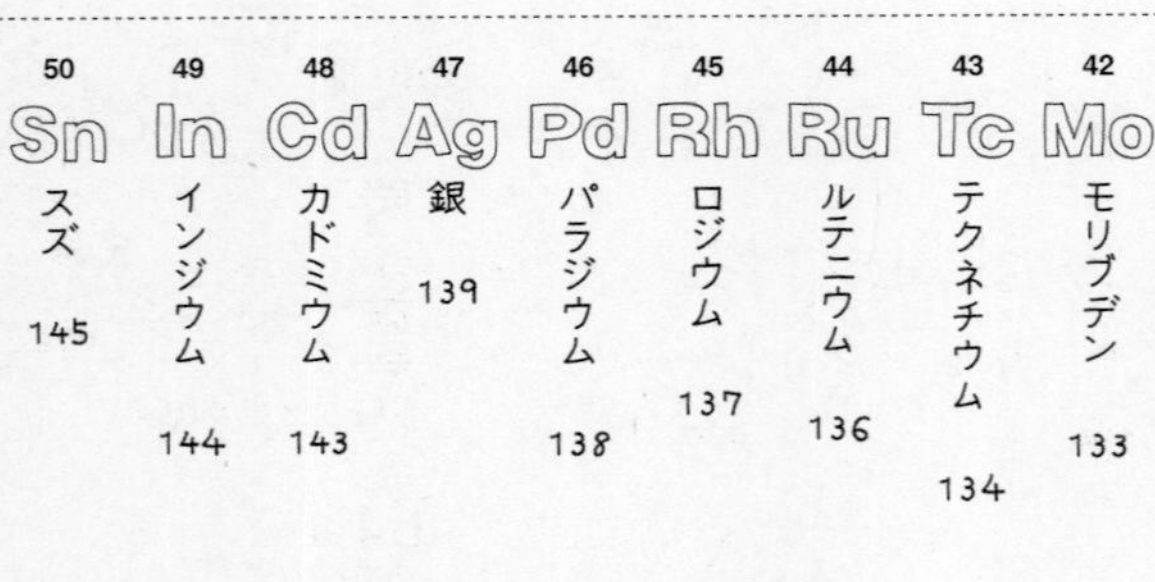

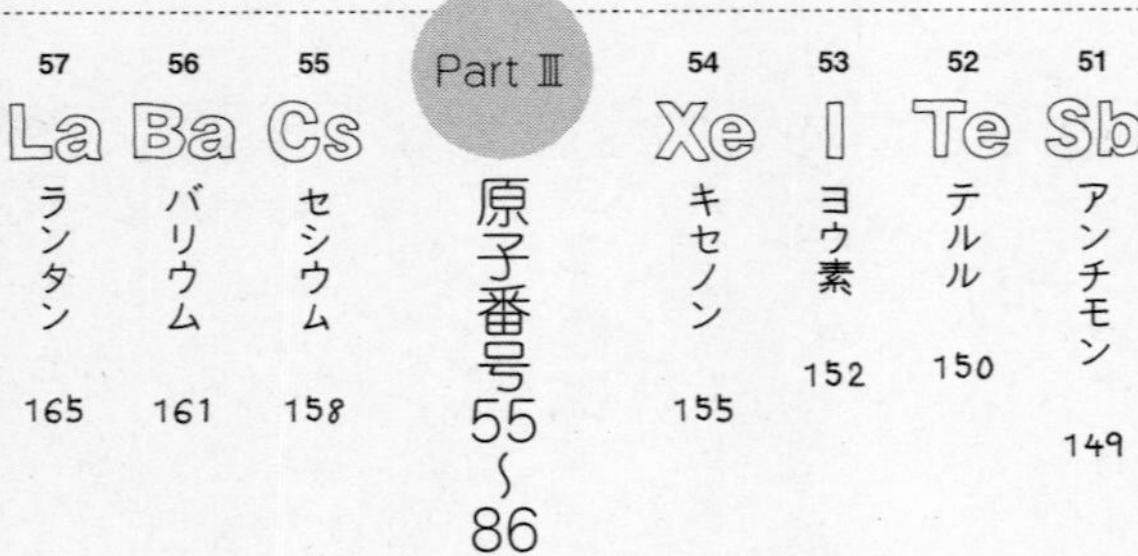

Part Ⅲ 原子番号55〜86

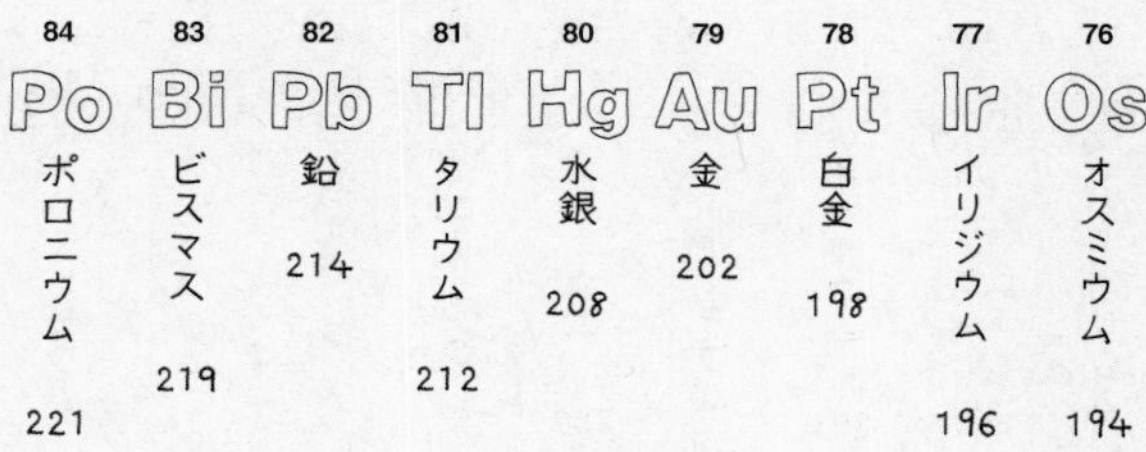

Part Ⅳ 原子番号87〜118

92	93	94	95	96	97	98	99	100
U	Np	Pu	Am	Cm	Bk	Cf	Es	Fm
ウラン	ネプツニウム	プルトニウム	アメリシウム	キュリウム	バークリウム	カリホルニウム	アインスタイニウム	フェルミウム
238	242	243	246	247	248	248	249	250

101	102	103	104	105	106	107	108	109
Md	No	Lr	Rf	Db	Sg	Bh	Hs	Mt
メンデレビウム	ノーベリウム	ローレンシウム	ラザホージウム	ドブニウム	シーボーギウム	ボーリウム	ハッシウム	マイトネリウム
250	251	251	252	252	253	253	254	254

110	111	112	113	114	115	116	117	118
Ds	Rg	Cn	Nh	Fl	Mc	Lv	Ts	Og
ダームスタチウム	レントゲニウム	コペルニシウム	ニホニウム	フレロビウム	モスコビウム	リバモリウム	テネシン	オガネソン
255	255	256	257	259	259	260	260	261

column

本文デザイン&イラスト：宇田川由美子

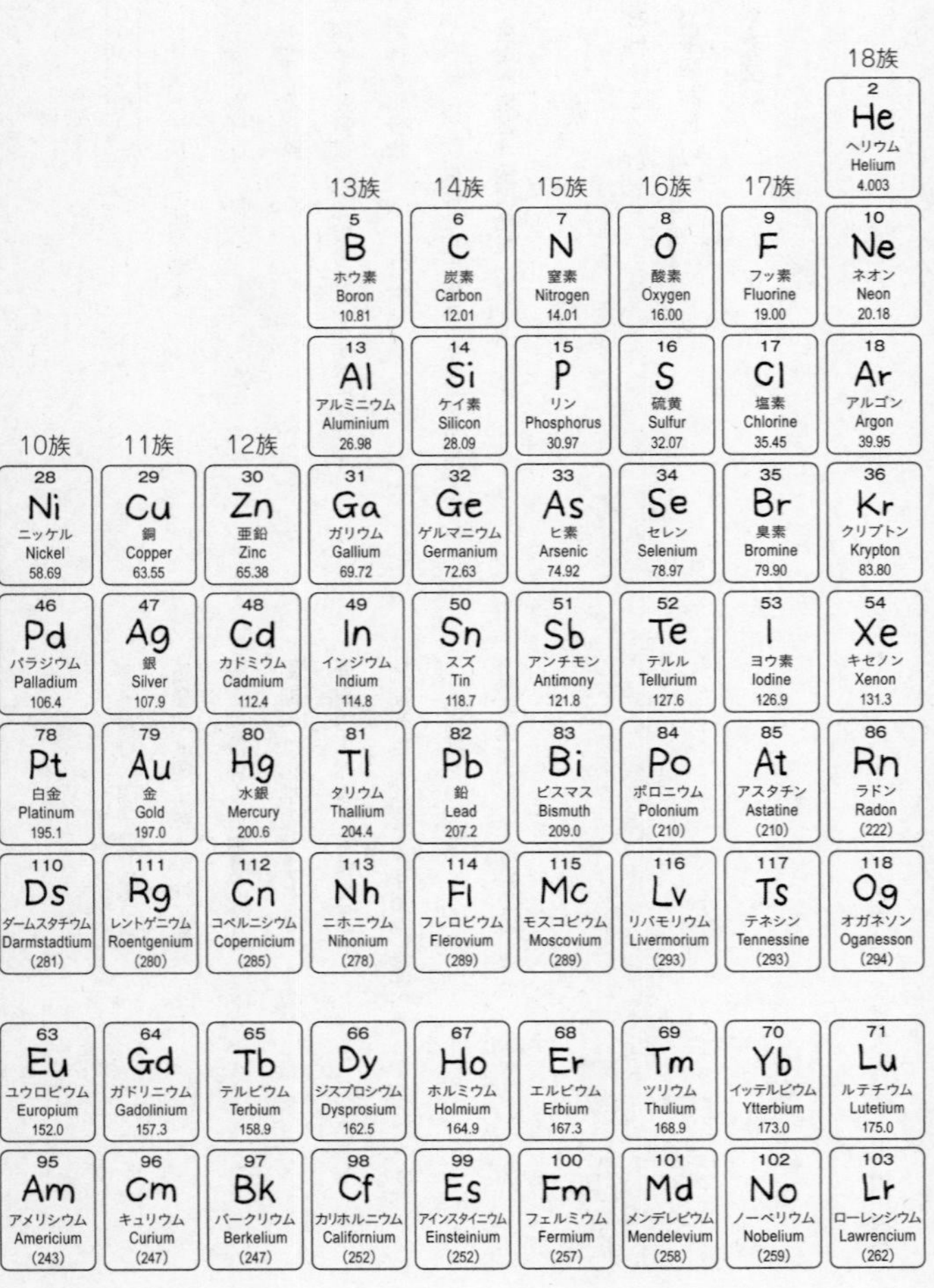

10族	11族	12族	13族	14族	15族	16族	17族	18族
								2 He ヘリウム Helium 4.003
			5 B ホウ素 Boron 10.81	6 C 炭素 Carbon 12.01	7 N 窒素 Nitrogen 14.01	8 O 酸素 Oxygen 16.00	9 F フッ素 Fluorine 19.00	10 Ne ネオン Neon 20.18
			13 Al アルミニウム Aluminium 26.98	14 Si ケイ素 Silicon 28.09	15 P リン Phosphorus 30.97	16 S 硫黄 Sulfur 32.07	17 Cl 塩素 Chlorine 35.45	18 Ar アルゴン Argon 39.95
28 Ni ニッケル Nickel 58.69	29 Cu 銅 Copper 63.55	30 Zn 亜鉛 Zinc 65.38	31 Ga ガリウム Gallium 69.72	32 Ge ゲルマニウム Germanium 72.63	33 As ヒ素 Arsenic 74.92	34 Se セレン Selenium 78.97	35 Br 臭素 Bromine 79.90	36 Kr クリプトン Krypton 83.80
46 Pd パラジウム Palladium 106.4	47 Ag 銀 Silver 107.9	48 Cd カドミウム Cadmium 112.4	49 In インジウム Indium 114.8	50 Sn スズ Tin 118.7	51 Sb アンチモン Antimony 121.8	52 Te テルル Tellurium 127.6	53 I ヨウ素 Iodine 126.9	54 Xe キセノン Xenon 131.3
78 Pt 白金 Platinum 195.1	79 Au 金 Gold 197.0	80 Hg 水銀 Mercury 200.6	81 Tl タリウム Thallium 204.4	82 Pb 鉛 Lead 207.2	83 Bi ビスマス Bismuth 209.0	84 Po ポロニウム Polonium (210)	85 At アスタチン Astatine (210)	86 Rn ラドン Radon (222)
110 Ds ダームスタチウム Darmstadtium (281)	111 Rg レントゲニウム Roentgenium (280)	112 Cn コペルニシウム Copernicium (285)	113 Nh ニホニウム Nihonium (278)	114 Fl フレロビウム Flerovium (289)	115 Mc モスコビウム Moscovium (289)	116 Lv リバモリウム Livermorium (293)	117 Ts テネシン Tennessine (293)	118 Og オガネソン Oganesson (294)

63 Eu ユウロピウム Europium 152.0	64 Gd ガドリニウム Gadolinium 157.3	65 Tb テルビウム Terbium 158.9	66 Dy ジスプロシウム Dysprosium 162.5	67 Ho ホルミウム Holmium 164.9	68 Er エルビウム Erbium 167.3	69 Tm ツリウム Thulium 168.9	70 Yb イッテルビウム Ytterbium 173.0	71 Lu ルテチウム Lutetium 175.0
95 Am アメリシウム Americium (243)	96 Cm キュリウム Curium (247)	97 Bk バークリウム Berkelium (247)	98 Cf カリホルニウム Californium (252)	99 Es アインスタイニウム Einsteinium (252)	100 Fm フェルミウム Fermium (257)	101 Md メンデレビウム Mendelevium (258)	102 No ノーベリウム Nobelium (259)	103 Lr ローレンシウム Lawrencium (262)

◆元素の周期表

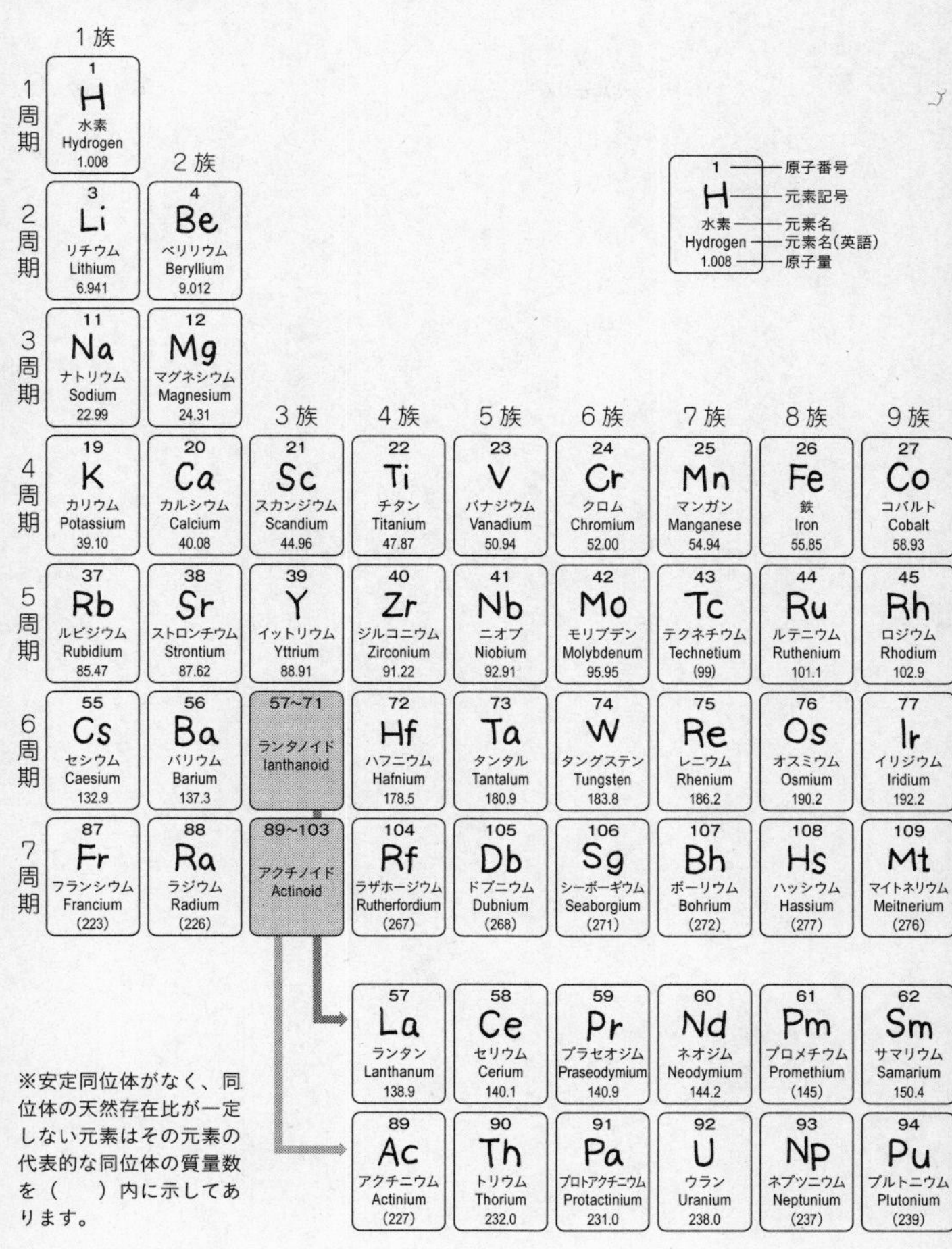

※安定同位体がなく、同位体の天然存在比が一定しない元素はその元素の代表的な同位体の質量数を（　）内に示してあります。

Part I

原子番号1～18

H He Li Be B C N O F Ne Na Mg Al Si P S Cl Ar

1

H 水素

Hydrogen
原子量 1.008

ギリシャ語の hydro（水）＋ gennao（生ずる）、つまり〝水を生じるもの〟の意味。

水素は燃えると水になる

水素ガスは、気体の中でもっとも軽く、無色・無臭です。地球上では、原子としてはもっとも小さい水素原子が二個結びついた水素分子H_2が存在していますが、軽いので重力で引き留めておけないため、大気中にはわずかしかありません。密度は〇・〇八一グラム毎リットルで、空気を一としたときの比重は〇・〇七です。

木星くらいの巨大惑星になると、重力で水素を引き留めておくことができます。探査機ガリレオの観測（一九九五年）などから、木星の成分は水素が八一パーセント以上であることがわかっています（第二成分はヘリウムで一七パーセント）。

水素は燃えると水になります。空気中に水素が四〜七五パーセント含まれる混合気体に点火すると爆発的に反応します。液体ロケットの燃料やアンモニアの製造など化学工業の原料として使われています。水素ガスは燃料電池の燃料として、水素と酸素の反応から電流を取り出す次世代エネルギー源として注目されているのです。燃料電池搭載の自動車が走ると排気ガスは水蒸気になります。

また、水素は地球上では酸素と結びついて水として多量に存在しています。また、炭素と結びついて、さまざまな有機物の成分となります。宇宙にもっとも多い元素ですが、宇宙の高真空中では、水素は単独の原子として漂っています。

宇宙が始まったとされる〝ビッグバン〟（大爆発）で最初に大量にできたのは陽子（水素原子核）で、三十八万年ぐらい経って宇宙が冷えてきた際に、陽子と電子が手を結び、水素原子ができました。

私たちの大腸内でつくられている水素

あまり知られていないかもしれませんが、実は、私たちの体内では水素が多量につくられています。大腸には水素産生菌がおり、水素を産生しているのです。

おならの量は食べ物や体調によっても異なりますが、一回で数ミリリットルから一五〇ミリリットルほど、一日で約四〇〇ミリリットルから二リットル出るといわれています。

おならの主な成分は、飲み込まれた空気中の窒素が六〇～七〇パーセント、水素が一〇～二〇パーセント、二酸化炭素が約一〇パーセント、その他、酸素、メタン、アンモニア、硫化水素、スカトール、インドール、脂肪酸、揮発(きはつ)性のアミンなどです。

結構な量の水素が産生されているのですね。おならとして外部に出る以外は体内に吸収されて血液循環に乗っていきます。おならを集めて火をつけると燃えるのはメタンのせいもありますが、水素が含まれているからなのです。

話題になった〝水素水〟

かつて「水素水」が話題になりました。水素水とは、分子状の水素を水に溶かしたものです。分子状の水素とは、水素原子が二個結びついて水素分子H_2になっています。たとえば水を電気分解したり、希塩酸に亜鉛を入れると発生する気体の水素です。

水素水が話題になったきっかけは、日本医科大学の太田成男教授らの研究でした。試験管で培養したラットの神経細胞に対して、水素濃度一・二ピーピーエムの溶液が活性酸素を還元し無毒化することを確認したという論文が、二〇〇七年に『ネイチャー・メディシン』という医学誌に掲載されました。

このような試験管レベルの研究結果は、医学的な根拠としては弱いのですが、その後、少し根拠の度合いが上がる動物実験レベルでも、水素分子が活性酸素の中でもっとも反応性の高いヒドロキシラジカルという活性酸素だけを選択的に還元し、その障害から細胞を守る、という研究が続いていきました。

活性酸素というと、すべてが悪者で全部消してしまえばいいと誤解されがちですが、実はさまざまな種類の活性酸素が存在しています。活性酸素は、悪さをするばかりではないのです。

さまざまな細菌やウイルスなどの病原体が、呼吸をする度に大量に体内へ侵入してきます。しかし、それでも簡単に病気にならないのは、免疫という防御システムがあるからです。その防御システムに活性酸素が働いている部分があります。活性酸素を武器にして、体内に侵入する細菌やウイルスと戦っています。つまり、活性酸素は私たちの体を守る強力な武器でもあるのです。

太田教授は、分子状の水素は、活性酸素を何でもつぶすのではなく、老化や体のトラブルの元凶になる悪玉活性酸素・ヒドロキシラジカルだけを選択的につぶすのが特徴であるといいます。

私は、活性酸素を外部から何らかの物質を入れて除去することの是非については、体内の活性酸素などの働きが十分わかっていない現在、慎重になったほうがいいと考えています。私たちの体に備わっている活性酸素をつぶす能力が、弱められてしまうという可能性があるからです。

その心配が不要になるのは、水素水で、複数・大規模の（ヒトへの）調査で問題がなく、なおかつ効果が出たという結果が報告されたときではないでしょうか。

「活性酸素をつぶすのでがんを減らせる」という仮説のもとに行ったベータカロテンの大規模な調査では、逆にベータカロテンを摂取した人たちのほうが有意にがんになる人が多かったという結果が複数あります。野菜で摂取している限りは健康にいいとしても、サプリメントなどのかたちで過剰に摂取すると、何が起こるかわからないのです。

何よりも、先に述べたように、私たちの体内では、水素水から摂取する水素量よりも多量の水素がつくられ、血液循環に乗っていることを忘れてはならないでしょう。

水素の引火爆発との出合い

水素の引火爆発事故を目のあたりにしたのは、ウン十年も前の学生時代でした。教育実習中のことです。放課後、理科室で予備実験をしていたとき、実験机の真向かいにいたAさんが、希塩酸と亜鉛を入れた三角フラスコの水素の発生口にマッチで火をつけようとしていたのです。私が「やめろ！」と叫びながらしゃがみこんだ瞬間に、大きな爆発音！　理科室中にガラスの破片が散らばっていました。幸い二人とも怪我はありませんでした。

それから、私は大学院を経て中学校教育の現場に立ちました。近くの小学校から「水素の爆発で子どもが怪我をした」という話が流れてきました。酸性、アルカリ性の水溶液の性質を調べる授業でのことでした。酸の水溶液にスチールウールなどを入れる実験のときに、子どもが机の上にあったマッチをすって、発生口に近づけてしまったことが原因だそうです。

次は某中学校・高等学校でのこと。理科の講師Bさんが、教卓の実験机のまわりに生徒を集めて、三角フラスコの装置で水素の燃焼を見せました。一限目は成功。二限目は水素の発生が弱くなってきたので三角フラスコのゴム栓を開けて、希塩酸を注ぎ足してから発生口に点火して爆発。何人かの生徒がガラス破片で怪我をしました。

飛行船の爆発・炎上事故

水素を集めて口を下向きにした試験管に点火すると、ポンとかピュンとかの爆発音を発したり、試験管の口あたりで無色の炎を上げて燃えたりします。このような水素の燃焼・爆発により水ができます。

水素はもっとも軽い気体なので、かつては飛行船に用いられていました。しかし「ヒンデンブルグ号事件」が起こってからは、燃えやすい水素ではなく、安全性の高いヘリウムに取って代わられました。

一九三七年五月六日にアメリカ合衆国ニュージャージー州レイクハースト海軍飛行場で、ドイツの飛行船ヒンデンブルグ号が爆発・炎上しました。乗員・乗客三五人と地上の作業員一人が死亡しました。この爆発事故の様子を記録した動画を見ると、ヒンデンブルグ号は中から一気に爆発したのではなく、炎が外皮をなめるように進んでいったことがわかります。

この事故の原因について、一九九七年にＮＡＳＡの職員が、直接引火したのは船体の外皮に塗っていた材料であるという発表を行っています。ヒンデンブルグ号には太陽光や大気から外皮を保護するために、酸化鉄やアルミニウム粉末を含む材料が塗られていました。酸化鉄とアルミニウムの粉末を混ぜたものに点火すると激しい反応が起こり、融けた鉄ができるのです。

アルミニウムの粉末に静電気による火花が引火し、外皮の表面全体で激しい反応が起こり、あっという間に炎上したのではないかという主張です。この事故は「水素は危ない!」というイメージを人々に植え付けましたが、もしかしたら水素はすべての責任を押しつけられたのかもしれません。

この事故の原因は、八十五年後の現在も不明です。やがて飛行船が航空輸送に活躍した短い時代は終わりました。事故原因が不明なことは、多くの仮説を生み出し、現在でもそれをもとにした著作、映画がつくられています。

太陽のエネルギー源は水素の核融合

ビッグバンの後、最初にできたのは水素とヘリウムです。現在でも宇宙全体を見渡すと、水素は宇宙の約四分の三を、次いでヘリウムが約四分の一を占めます。宇宙は水素とヘリウムで合計九八パーセントを占めます。ちなみに三番目は酸素、四番目は炭素です。

水素は太陽やその他の恒星にあって、その核融合反応によって光や熱を放つ、いわば宇宙のエネルギー源です。太陽内では水素原子四個が融合してヘリウム原子一個がつくられる核融合反応が起こっています。なお、一度の反応でヘリウム原子ができるわけではなく、最初は重水素（原子核が陽子一個と中性子一個）ができる反応から始まり、何段階かの反応を経てヘリウム原子ができます。

ヘリウム原子一個の質量は、水素原子四個分の質量より〇・七パーセントほど軽く、この失われた質量がエネルギーに変換されて、エネルギーの元になっています。太陽では一秒あたり六億トンの水素がヘリウムに変えられています。

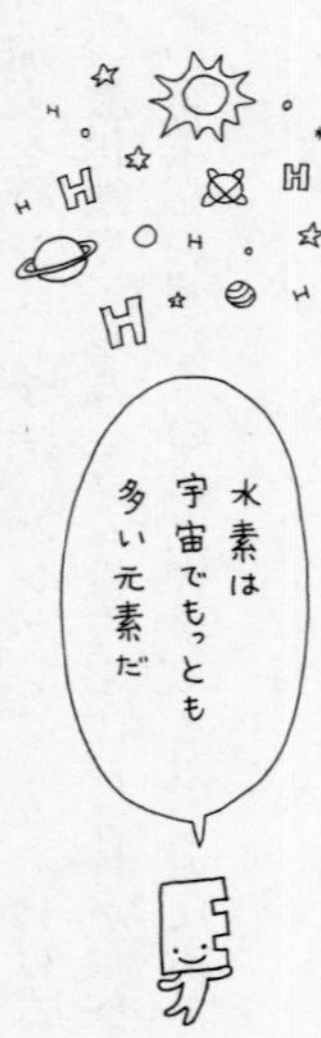

2

He ヘリウム

Helium
原子量4.003

ギリシャ語のhelios（太陽）に由来。

貴ガスの仲間の無色・無臭の気体です。貴ガス元素は化学的に不活性でほとんど化合物はありません。とくに18族の先頭のヘリウムと次のネオンは化合物がありません。

宇宙全体の存在量は水素に次いで多いのですが、地上には微量しか存在しません。水素に次いで軽く、地球の重力で保持できないので宇宙空間に逃げ去ったからです。

ヘリウムの沸点は、マイナス二六九度と超低温なので、液体ヘリウムは、絶対零度（マイナス二七三度）近くまで冷却できます。リニアモーターカーの超伝導コイルや研究室での実験の冷却剤などとして利用されています。

また、ヘリウムは空気より軽いので、風船や飛行船に用いられます。天然ガス中に一パーセント前後含まれることもあり、アメリカでは天然ガスから工業的にヘリウムを得ています。

3

Li リチウム

Lithium
原子量 6.941

ギリシャ語の lithos（石）に由来。

炎に入れると美しい赤色の炎に

周期表の左端の1族には水素、リチウム、ナトリウム、カリウム……が縦に並んでいます。水素を除いたリチウム以下がアルカリ金属元素です。アルカリ金属は、密度が小さく、比較的やわらかい銀白色の金属です。その先頭にあるのがリチウムです。リチウムはすべての金属の中でもっとも密度が小さくて、水に入れると浮いてしまいます。密度は〇・五三グラム毎立方センチメートルなので、同じ体積の水と比べて半分強しかありません。

水にただ浮いているだけではありません。アルカリ金属は、みなふつうの温度の水と反応してしまいます。水素ガスを発生しながら水酸化物になります。リチウムはアルカリ金属の中では水と一番おだやかに反応して、水素ガスを発生しながら水酸化リチウムになって水に溶けていきます。

身の回りのリチウム使用の代表は小型高性能のリチウムイオン充電池です。携帯用情報機器用の二次電池（充電可能な電池）に使われています。欠点は値段が高いことですが、小さく軽くすることができるので、コストをかけても小型かつ高性能にしたい機器に使われるのです。

無色の炎にリチウムや塩化リチウムを入れると、美しい赤色の炎色反応を示します。炎色反応を示すのは、アルカリ金属やアルカリ土類金属（2族のカルシウムから下）および銅の単体や化合物で見られます。夏の風物詩の花火の色は基本的にこれらの元素の炎色反応を利用しています。

炎色反応の元素と色の覚え方で、「リヤカーなきK村　動力借りるとする　くれない馬力にしよう」というものがあります。こじつけの意味は「昔々あるところに、Kという名前の村がありました。その村にはリヤカーがありませんでした。動力を借りるためにとなりの村に頼みに行きましたが、動力を貸してくれなかったので、馬の力を利用して対応しました」。「リヤカー」でリチウムLi赤、「なき」でナトリウムNa黄、「K村」でカリウムK紫、「動力」で銅Cu黄緑、「借りると」でカルシウムCa橙、「する　くれない」でストロンチウムSr紅、「馬力」でバリウムBa緑というわけです。

Beryllium
原子量 9.012

ギリシャ語で beryllos（beryl）（緑柱石）に由来。

銀白色の金属です。表面に酸化皮膜を生じ、不動態化して安定です。単体と化合物に甘味があり、わずかな量で死に至る強い毒性があります。主に合金の硬化剤として利用され、その代表的なものにベリリウム銅があります。ベリリウムの毒性のため、加工中に吸入すると危険性があります。

緑柱石（りょくちゅうせき）の美しいものは宝石になります。有名なのはエメラルドとアクアマリンです。共にベリリウム、アルミニウム、ケイ素、酸素の化合物です。

清廉な心の象徴として人気のあるアクアマリンは、ラテン語で「水」を意味する「aqua」と「海」を意味する「marinus」がその名前の由来となっています。名前の通り、美しい海の水を思わせるような淡い水色と透明度の高さが特徴です。透明度が高いので、少ない照明の下で一段とキラキラ光り輝く性質があります。貴婦人たちが舞踏会などに好んで着用し、「宝石の夜の女王」とよばれていました。

5

B
ホウ素

Boron
原子量 10.81

天然に産出するホウ砂が、アラビア語のburaq（白い）とよばれたことから。

耐熱ガラスの原料

黒みがかった金属光沢をもつ半導体です。銅、銀などと比べて一〇〜一二倍も電流が流れにくく、金属とは逆に温度が上がると抵抗が小さくなります。

ホウ酸は、水溶液が弱い殺菌作用を示し、かつては食品の防腐剤や医薬用としてうがいや洗眼などに使われましたが、中毒症状（発疹、急性胃腸炎、血圧降下、けいれん、ショックなど）のため、現在では使われていません。ゴキブリ駆除にホウ酸団子が使われることもありますが、ペットが誤飲すると死ぬ場合があり、要注意です。

ホウ酸はホウケイ酸ガラス（耐熱ガラス）の原料になります。ガラスが熱に弱いのは、「熱膨張率が大きい」からです。そこで、熱しても体積がほとんど大きくならない、つまり熱膨張率が小さい材質にすることができれば割れにくくなります。

酸化ホウ素をガラスに混ぜてホウケイ酸ガラスにすると、一般のガラスより熱膨張率が小さく、急熱・急冷に耐える性質が強くなります。

column アリストテレスの四元素説

私たちのまわりにはさまざまな物があります。古来から「あらゆる物（万物）をつくっているもとになる物は何か？」という問題が考えられてきました。たとえば、今から二千数百年前のギリシャで、哲学者たちは、万物は、いくつかの種類の元素（物をつくっている「おおもと」）からできていると考えました。

中でも、ヨーロッパの中世時代にまでも影響を与えたアリストテレスは、物質は四つの基本的な元素「火、水、空気、土」から成り立ち、物質は、いくらでも細かく分けることができると考えました。

6

C 炭素

Carbon
原子量 12.01

はっきりしないがラテン語の carbo（木炭）に由来するらしい。その語源はインドヨーロッパ語の ker（燃やす）にあるといわれる。

炭素とダイヤモンド

ほぼ炭素からできているもので、昔からよく知られていたのは木炭です。木材をむし焼きにすると分解して木炭になります。木炭は無定形炭素といって、はっきりした結晶構造をもちません。他に無定形炭素には工業用として粒子の大きさをある程度揃えてつくられるカーボンブラックがあります。

他に炭素だけからできている物質（炭素の同素体）には、結晶や分子がはっきりしているダイヤモンド、黒鉛、フラーレンがあります。

似ても似つかぬ黒い木炭（もっとも結晶化が進んだのが黒鉛）と、無色透明でもっとも硬いダイヤモンドが共に炭素原子だけからできており、どちらも燃やすと二酸化炭素のみを生じます。私は、石英管にダイヤモンドを入れて酸素を流しながら加熱して発火させると燃え続け、すべて二酸化炭素になることを示す実験を開発したことがあります。

炭素の化合物は一億種類以上もあり、有機物（有機化合物）の世界をつくっています。炭素は、生物体の主要構成元素で生物のさまざまな機能に関係しています。デンプン、タンパク質、脂肪は炭素の化合物、つまり有機物です。自然界では、有機物は植物が光合成で二酸化炭素と水を原料に、また海底熱水生態系において化学合成細菌が無機物からつくっています。その有機物が生物の体をつくり、生活のエネルギー源になっています。

天然繊維、合成繊維やプラスチックも炭素化合物です。石油、石炭、天然ガスといった化石燃料も有機物からできています。それが燃焼してできる二酸化炭素は、温暖化物質として問題になっています。

二酸化炭素の固体――ドライアイス

アイスクリームなどを買うとついてくることがあるドライアイス。ドライアイスの「ドライ」は「乾いた」、「アイス」は「氷」という意味です。私たちの暮らす一気圧では二酸化炭素は、液体の状態をとらないで、固体から直接気体になります。だから

「ドライ」なんですね。このような状態変化を「昇華」といいます。

ドライアイスの正式名称は「固形炭酸」。固形炭酸というのは、炭酸ガス、つまり二酸化炭素の固体です。ドライアイスは白色の固体なのに置いておいても液体にならず、気体の二酸化炭素になり小さくなっていきます。液体にならない、約マイナス八〇度ととても冷たく軽いという特徴から、食料を運ぶ際の保冷剤として活用されています。

ドライアイスという名前の由来は、世界で初めて大量生産に成功したアメリカのドライアイス・コーポレーションという会社がつけた商品名でした。ニューヨーク郊外で初めて大量生産に成功したのは一九二五年のこと。その当時新発売されたアイスクリームを融かさずに運ぶためでした。

わが国では、アメリカから設備を購入し、一九二八年から製造を始めました。

気体を十分圧縮しておいて細い穴から激しく噴き出させて急激に膨張させると温度が大きく下がるので（断熱膨張）、これをくりかえします。これは雲ができる原理です。

そうすると、二酸化炭素はついには圧力がかかった状態で液体になります。この液体の二酸化炭素を容器の中に噴出させると、雪のような粉末状態になり、容器内に積もります。このとき、送り込まれる液体の二酸化炭素はドライアイスの二倍です。半分がドライアイスに、半分は気体の二酸化炭素になって熱を奪うのです。気体はもちろん回収して、また原料に使います。

容器内の粉末状のドライアイスをギューッと押さえつけると、硬いドライアイスになります。

ドライアイスをガラスびんに入れて密閉したため破裂した、という事故はよく起こっていますが、ペットボトルに入れるのも危険なのです。私は、高校生が悪ふざけでペットボトルに水とドライアイスを入れて密閉したものを爆発させた事故の再現実験をテレビ局に頼まれて行ったことがありますが、大きな爆発が起こり、破片が何十メートルも飛び散りました。

フラーレンの発見

炭素の同素体といえば、無定形炭素、黒鉛、ダイヤモンドの三つというのがこれまでの研究成果でした。「炭素はありふれた元素であり、もう調べつくされているので他に同素体はない」というのが通説でした。

ところがひょんなことから、六〇個の炭素原子が一二個の五角形と二〇個の六角形をつくり、全体がサッカーボールそっくりの美しい球になっている分子が発見されたのです〔一九八五年に、クロトー（H.W.Kroto）とスモーリー（R.E.Smally）、カール（R.Curl）の三氏によって発見。一九九六年度ノーベル化学賞〕。

実は、このフラーレン分子は発見される十五年前にわが国の大澤映二博士によってその存在が予言されていたものでした。さらに、C_{70}をはじめ、C_{76}、C_{78}、C_{84}など炭素数の大きい分子も見つかりました。球状だけではなく筒状のカーボンナノチューブもあることがわかり、これらを総称してフラーレンとよばれるようになりました。分子内部の空間に別の原子を入れたりしたものは、物理的・化学的性質の探究や医学への応用など、さまざまな研究が盛んに行われています。

軽くてしなやかで丈夫なカーボンファイバー

炭素繊維（カーボンファイバー）は、炭素だけからできている、黒く、直径が髪の毛の一〇分の一ほどの細い繊維です。織って布にすることができます。炭素繊維だけで使われることは少なく、プラスチックやセラミックス、金属などとの複合材料として使われることが多く、圧倒的な強度や軽さが特徴の材料です。金属よりずっと軽く、高い強度をもち、耐久性が高いなどの特徴から飛行機、ロケット、人工衛星、自動車、釣り具、ゴルフ用具、テニスなどのラケット、自転車のフレーム、ヨット、文具、精密機器など、さまざまなところで使用されています。

column 元素と原子①

純粋な物質（純物質）で、化学的などんな方法によっても二種以上の物質に分けることができず、またどんな二つ以上の物質の化合によってもつくることができないとき、その純粋な物質をつくっているもとになるものを「元素」と定義するようになりました。

水素や酸素はそれ以上分けることができないので元素にあてはまります。

7

N 窒素

Nitrogen
原子量 14.01

硝石（Nitrum）の主成分に窒素が含まれていることから硝石を生じる（gennao）と組み合わせたものが語源。

ノックス・アンモニア・アミノ酸

無色・無味・無臭の気体です。地球大気の約七八パーセントを占めています。約マイナス一九六度で液化し、液体窒素は冷却剤に用いられます。工業的には、液体空気の分留によってつくられます。

常温では不活性な気体ですが、高温の条件などでは酸素とさまざまな酸化物をつくります。窒素酸化物はまとめてNOx（ノックス）とよばれます。NOxは酸性雨の原因となります。

一酸化窒素NOは、自動車のエンジン内などの空気が高温になると発生します。一酸化窒素は無色の水に溶けにくい気体ですが、空気中ですみやかに酸化され、二酸化窒素になります。二酸化窒素は水に溶けやすい赤褐色の気体で、特有の臭気があり、きわめて有毒です。

他に窒素を含んだ化合物には、アンモニア、硝酸、アミノ酸などがあります。アンモニアは、無色で刺激臭をもち空気より軽く、水に非常に溶けやすい気体です。水溶液（アンモニア水）は弱いアルカリ性を示します。アンモニアから硝酸、肥料、染料など多くの窒素化合物がつくられます。硝酸は、強い酸性を示すとともに、酸化力もあるので、銅、水銀、銀などを溶かします。

体内の血や筋肉の成分であるタンパク質や、化学変化を促進する酵素は窒素原子を含むアミノ酸からできています。窒素は生物にとって必須元素の一つです。

液体窒素でさまざまなものを冷やす

液体窒素が入った大きな魔法びんから、机の上のビーカーに液体窒素をそそぎます。ビーカーに入れたこの液が、水のような静かな液だと思ったら大きな間違いで、非常な勢いで沸騰します。

ゴム球（ソフトテニスボール）を、液体窒素の中に入れて取り出すと、ゴム球は石のように硬くなっています。これを高いところから机の上に落とすと、大きな音をたてて幾つかに割れてしまいます。この破片を打てば、金属音を発して割れます。金づちでたたけば瀬戸物を打ち割るかのように割れます。

花びらを入れると、液体窒素は、まるで天ぷらをあげたみたいにジューッという音をたてて激しく沸騰します。取り出した花びらは、手でさわるとシャリシャリと破片になって落ちていきます。しばらくすると、またゴムのはずむ性質や花びらのしなやかさが復活します。

液体窒素で二酸化炭素入りのポリ袋を冷やせば、サラサラの白色粉末、つまりドライアイスができあがります。酸素入りのポリ袋を冷やせば、薄い青色の液体酸素になります。

空気中の窒素固定

空気中に七八パーセントもの窒素が含まれていても、ほとんどの生物はその窒素分子を利用することはできません。窒素固定を行うことができる生物は、細胞内に核をもたない原核生物の一部に限られています。マメ科植物の根に共生して根粒を形成する「根粒菌（こんりゅうきん）」や、単独で光合成を行いながら窒素固定もできる光合成生物である「光合成細菌」と「シアノバクテリア」です。

窒素固定ができる生物は、ニトロゲナーゼという酵素をもっています。ニトロゲナーゼは、活性中心を構成する金属がモリブデン、バナジウム、鉄という大きく三つの型があります。窒素固定ができる生物は、ニトロゲナーゼによって窒素分子からアンモニアを合成しているのです。

人類は一九一〇年代に工業的に確立されたハーバー・ボッシュ法によって、空気中の窒素を使ってアンモニアを合成し、肥料や火薬などを製造できるようになりました。

肥料の三要素は、窒素、リン、カリウムです。窒素は、植物の細胞で重要な働きをするタンパク質の成分元素です。窒素分が不足すると、葉や茎の生育が悪くなり、葉の色が黄色みを帯びてくることがあります。

8

O 酸素

Oxygen
原子量 16.00

ギリシャ語の酸っぱい（oxys）＋私は産む（geinomai）に由来。

酸素は〝酸の素〟？

無色・無味・無臭の気体です。活性に富み、多くの元素と化合して酸化物をつくります。空気の約二一パーセントは酸素で、多くの生物は、空気中の酸素または水に溶けた酸素を体内に取り入れて生命活動を維持しています。その一部は体内で不安定で反応性が高い活性酸素に変化して、老化、遺伝子損傷、炎症などの原因になっていると考えられていますが、活性酸素への防御機構も存在しています。

また、酸素は海中では水、岩石中では二酸化ケイ素などの化合物として存在し、地殻中でもっとも多く存在する元素です。

工業的には空気を冷やしてつくった液体空気を沸点の違いで酸素と窒素に分けて製造しています。製鉄で鋼（はがね）（九七頁）をつくるときに一番使われています。あとは、高温の炎で鋼などを切断したり溶接したりするための酸素アセチレンバーナー用や医療用に使われます。

酸素は、一七七九年にフランスの化学者ラヴォアジェ（一七四三〜一七九四）が「oxygène」と命名したもので、直訳すると「酸をつくるもの」という意味です。ラヴォアジェは硫黄、リン、炭素を燃やして水に溶かすと酸を生じることから、酸には必ず酸素が含まれていると考えたからなのです。その後、塩化水素など、酸素を含まない酸があり、「酸の素（もと）」といえるのは水素であることがわかりましたが、元素名はそのままずっと使われています。

液体酸素は磁石につく！

酸素は、工業的には空気を冷やしてつくった液体空気を沸点の違いで酸素と窒素に分けて製造しています。液体酸素の色は薄いブルーです。液体酸素は「常磁性（じょうじせい）」という性質をもっているため、強い磁石に引きつけられます。

液体酸素には注意しなければならない危ない性質があります。炭素粉や綿など燃える物と一緒にして火をつけると、爆発的に燃えるのです。もし、閉じた容器内などで燃えるものと一緒にして火をつけると、大爆発を起こします。大学などの化学や物理の実験室で爆発事故も起こっています。かつては、この性質を利用して「液酸爆薬」としてダイナマイトの代わりに工事に用いました。

オゾン層は有益、でもオゾンは有害

酸素の同素体であるオゾンO_3は、成層圏（高度一〇～五〇キロメートル）では、最大で一万分の一パーセント程度含まれ、オゾン層を形成しています。そのオゾン層のオゾンの存在量は、オゾンすべてを一気圧、〇度として地表に集めると、その厚さはわずか三ミリメートル程度にしかなりません。オゾン層によって、生物に有害な紫外線が吸収されています。海で光合成植物が生産し大気中に広がった酸素は、さらに、上空で太陽からの有害な紫外線を吸収するオゾン層を形成し、地上にも生物が生存できる環境になりました。

近年、オゾン層が薄くなり、穴が空いたようになるオゾンホールが問題になっています。

コピー機などの放電でも空気中の酸素分子からオゾン分子が生じて、オゾン臭がします。オゾンは酸化力が強く、オゾンそのものは人体に有害です。

9 F フッ素

Fluorine
原子量 19.00

ラテン語の流れる（fluo）に由来。フッ素の含まれる鉱石の蛍石が、溶鉱炉の残りかすを流しやすくするため。

フッ素発見にまつわる悲劇

ハロゲンの仲間の中でもっとも軽く、淡黄色の気体です。特有のにおいがあり、反応性に富み、酸化作用が強く猛毒です。

原子が他の原子と結合するときに、自分のほうに電子を引きつける力には原子によって強弱があります。この電子の強弱を表す尺度を「電気陰性度」といいますが、フッ素が最大となっています。フッ素が、ほぼすべての元素を酸化してフッ化物をつくれるのは、この電子を引きつける力が大きいからです。貴ガスのキセノンやクリプトンもフッ素を含んだ化合物をつくるほどです。

フッ素ガスは、目、鼻、のどの粘膜を強く刺激し、化学熱傷を起こしたり、高濃度のガスを吸うと肺水腫（はいすいしゅ）や気管支肺炎を起こします。そのため、フッ素の発見には悲劇的な話がついて回ります。

一八〇〇年、イタリアのボルタ（一七四五～一八二七）が、電池（ボルタ電池）を発明します。イギリスのデービー（一七七八～一八二九）は、ボルタ電池を使った電気分解で、一八〇六年からカリウム、ナトリウム、カルシウム、ストロンチウム、マグネシウム、バリウム、ホウ素を次々と単離しました。しかし、一八一三年の実験では電気分解の結果、もれ出たフッ素を吸い込んで中毒になってしまいました。アイルランドのクノックス兄弟も実験中に中毒となり、一人は三年間寝たきりになってしまいました。

他にもフッ素単離に挑戦した化学者たちに犠牲者を出しながら、ようやく一八八六年、フランスのモアッサン（一八五二～一九〇七）が単離に成功したのです。白金電極を用いて無水の液状フッ化水素に溶かしたフッ化カリウムの薄い溶液を電気分解し、蛍石（ほたるいし）の結晶をくり抜いた捕集容器にわずかなフッ素を取り出しました。モアッサンは、この功績で一九〇六年にノーベル化学賞を受賞しました。

歯みがき剤の〝フッ素〟とは？

歯みがき剤に添加されている〝フッ素〟は、フッ化ナトリウムやモノフルオロリン酸ナトリウムといったフッ素の化合物です。歯の象牙質に作用して歯が丈夫になるといわれています。

虫歯予防は、これらのフッ素化合物を歯に塗布することにより行われます。

ガラスを溶かすフッ化水素酸

私は長い間、中・高等学校で化学を教えていましたが、怖くてできなかった実験が幾つかあります。その一つがフッ素を発生させる実験とフッ化水素ができる実験です。フッ素と水素を暗室で一：一に混合してから光が通らないように覆いをして暗室から出し、覆いを取ると爆発が起こります。フッ化水素を水に溶かして約五〇パーセントの水溶液にしたものはフッ化水素酸（フッ酸）とよばれますが、これも使いたくありませんでした。

フッ酸はガラスを溶かすので、ガラスの容器に保存できません。ポリエチレンまたはテフロン容器に入れて保存します。

ガラス板にパラフィンを塗り、鉄筆で削るように文字や絵を描き、フッ酸を塗り付けます。すると、パラフィンが削られた部分はガラスが溶けます。しばらくして、水で洗い流すとガラスが溶けた部分が凹んでいます。パラフィンを取り除けば、ガラスに文字や絵が彫られた状態になります。理科実験に使うガラス器具に目盛りがついたものがありますが、目盛りを刻むのにフッ酸を使います。

強い腐食性をもち、ガラスのつや消し、半導体のエッチング、金属の酸洗いなど、工業用分野で広く使われているフッ酸は、皮ふに触れただけで壊疽を起こし、骨まで溶かす薬品です。二〇一三年に、思いを寄せていた女性の靴にフッ酸を塗り、足の指五本を切断させたというニュースが話題になりました。

夢の物質フロンの暗転

フロンは一個、または二、三個つながった炭素原子にフッ素原子と塩素原子が結びついた化合物の総称です。気化しやすい、無毒、不燃性などの性質があったため、以前は夢のような物質として冷蔵庫やクーラーの冷媒、スプレーの溶媒、半導体基板の洗浄剤などに使われてきました。

しかし、その後、フロンは地球大気のオゾン層を破壊するという悪玉として有名になりました。フロンは成層圏にたどり着いたところで壊れ、オゾンから酸素をもぎとり、オゾン層を破壊していたのです。そこで、各国はフロンの製造を禁止すると共に、それに代わる代替フロンへと転換しています。代替フロンはどれも強い温室効果ガス（太陽の熱を地球にとどめて地表を暖める働きがある大気中の気体）なので、使用後の回収が義務づけられています。先進国では代替フロンも二〇二〇年には全廃になり、二酸化炭素、イソブタン、ハイドロフルオロオレフィン（ＨＦＯ）などに移行しています。

熱や薬品に強いフッ素樹脂

フッ素樹脂とは、フッ素原子を含む合成樹脂の総称です。テフロン（発見した米国デュポン社の商標名で、ポリテトラフルオロエチレンが正式な名前）などで、フッ素樹脂加工をした調理器具には、フライパン、炊飯器、ホットプレート、鍋などがあります。フッ素樹脂加工した調理器具は、食品がこびりつきにくいから少量の油や油なしで調理でき、調理後も汚れをふき取りやすいので後始末も簡単です。

10

Ne

ネオン

Neon
原子量 20.18

ギリシャ語の「新しい（neos）」から。新しく発見された元素だから。

屋外広告で輝く

貴ガスの仲間の無色・無臭の気体です。化学的に不活性で化合物はありません。大気に〇・〇〇一八パーセント含まれています。大気中にはアルゴンの次に割合が多い貴ガスです。

貴ガスのネオンは、低圧で放電すると、美しく赤く輝きます。これがネオンサインとして利用されています。ネオンサインの赤色はネオンガスを封入してあり、明るい白や青や緑などはアルゴンと水銀ガスを封入し、ガラス内面に蛍光体を塗布して色を出します。また濃い色を出すには、着色ガラス管を使っています。

一九〇七年、フランスのクロード（一八七〇～一九六〇）が空気を液体空気にした中から貴ガスのアルゴンやネオンを大量に得る方法に成功し、その三年後にはネオンサインを初めて公開しました。

世界で初めてのネオンによる広告サインが登場したのは、パリのモンマルトル通りにある小さな理髪店で、一九一二年のことでした。

日本のネオン編纂（へんさん）委員会が一九七七年に発行した『日本のネオン』によると、わが国で初めてネオンサインが点いたのは、一九一八年（大正七年）、東京・銀座一丁目の谷沢カバン店だそうです。インターネットで検索してみると、「株式会社　銀座タニザワ」とあり、今でもカバン類を扱っているようです。

column 元素と原子②

万物が原子からできていることがわかると、元素を原子をもとに定義するようになりました。

各元素に対応した原子が存在していますので、今では元素は原子の種類のことを意味しています。

自然に存在する元素は約九〇種類で、人工的に合成した元素を含めると現在のところ一一八種類で、それぞれは周期表の一マスに入っています。

11

Na

ナトリウム

Sodium
原子量 22.99

ラテン語の natron（炭酸ナトリウム）に由来。sodium はアラビア語の suda（頭痛薬）に由来。

ナトリウムの大きなかたまりを水に入れると……

アルカリ金属の仲間のやわらかい銀白色の金属です。空気中の酸素と結合し水と激しく反応するなど化学反応しやすいので灯油中に保存します。ナトリウムの化合物を無色の炎に入れて加熱すると黄色の炎色反応を示します。トンネルの黄色い照明はナトリウムランプです。

塩化ナトリウムとして、岩塩や海水中に含まれています。塩化ナトリウムは食塩としてもっとも身近なナトリウムの化合物です。うま味調味料のグルタミン酸ナトリウム、ベーキングパウダーに入っている炭酸水素ナトリウム（重曹）、石けんもナトリウムの化合物です。洗剤や食品添加物の成分表示に「～ナトリウム」や「～Na」があれば、それらはナトリウムの化合物です。

通常、細胞外液にはナトリウムイオンが、細胞内液にはカリウムイオンが多く、対になっていろいろな調節に関係しています。

私は高校生のとき、先生に「このナトリウムを処理してくれ」と頼まれました。差し出されたのは、灯油が揮発してなくなり、露出して表面がガチガチになったナトリウムの大きなかたまりが幾つか入ったびんでした。

その高校には校庭に川が流れていました。その川は神田川につながり、東京湾に流れていきます。まず小さなかたまりを川に投げ込んでみました。すると、ナトリウムは爆発して水柱が上がりました。次に大きなかたまりを投げ込んだら、爆発して大きな水柱が上がりました。こうして全部を投げ込んだのです。

校庭を流れていた川は、当時とても汚れていて魚などがすんでいるようには見えませんでした。爆発時も魚が浮かび上がってくることはありませんでした。しかし、水と反応すると水素と水酸化ナトリウムになります。川は部分的に強いアルカリ性になったことでしょう。水質を悪化させたことは確かです。絶対に真似しないでください。

理科の授業では、小豆粒大くらいのナトリウムを水に入れる実験をします。水素をシュシュッと発生しながら水面上を走り回り、最後に無色透明の丸い玉になってピョンとはじけます。はじけるのは融解した水酸化ナトリウムですから、眼に入ったら失明しますので、ふたなどでの防護が必要です。

ナトリウムでポップコーン!?

米国で『Mad Science』という本を入手して見ていたら、「食塩を激しい方法でつくる」というテーマに目が行きました。

そこには、塩素のガスボンベから反応容器に塩素ガスが導かれ、反応容器からは激しく白煙が舞っています。反応容器の上にはポップコーンの入ったプラスチック網がぶら下げられています。

反応容器にはやわらかい銀白色の金属であるナトリウムが入れてあって、そこへ塩素ガスを通しているのです。

ナトリウム＋塩素↓塩化ナトリウム

という激しい反応が起こって、白煙状になった塩化ナトリウムでポップコーンに塩味をつけている実験だったのです。

この本は友人の高橋信夫さんが邦訳していますが（『Mad Science－炎と煙と轟音の科

学実験54』)、彼が著者から聞いた裏話として、白煙の温度が高いのでプラスチックの網が融けてポップコーンが散らばって大変だったとのことです。

私は、もっと小規模でナトリウムと塩素ガスから塩化ナトリウムをつくる実験をしたことがあります。ナトリウムを入れた試験管を熱したところに塩素ガスを吹きかけるのです。試験管内で激しい反応が起こって塩化ナトリウムができます。

天然塩(自然塩)のつくり方

塩づくりは、弥生(やよい)時代には始まっていたようです。

海水には、主成分の食塩(塩化ナトリウム)以外に、にがり(苦汁)として知られるミネラル分も含まれています。ですから、海水を単純に蒸発させただけではにがり成分が混ざり、苦い塩になってしまいます。

ですから、塩に極力にがり成分が入らないようにすることが必要です。幸い、海水を煮詰めると、まず塩化ナトリウムから出てきます。それでもにがり成分は少し含まれてしまいますが、この微量のにがりが風味を出しているからこそ、「天然塩(自然塩)」はおいしいのだといわれています。

ただし、まだ問題があります。海水中の塩分が飽和する濃度は水に対して約三〇パーセントですが、海水中の塩分の濃度は約三・五パーセント、つまり一〇倍くらいは濃縮しなければなりません。それらすべて燃料を用いて煮詰めるのでは費用もかさみます。そこで、あらかじめ濃い海水（かん水）を別の方法でつくります。

今から約千二百年前の平安時代までは、乾燥した海藻の表面の塩分を土器にくりかえし洗い出したり、焼いた海藻の灰を海水に溶かして布でろ過したりしてかん水をつくりました。

次に、平安時代のさなかに、砂でできた塩田（塩浜）に海水をまいては、ひんぱんにかき混ぜ、天日により水を蒸発させてから塩分がついた砂をかき集めて、海水で洗ったものをかん水にしました。

さらに塩砂の代わりに、立体的な枝状の装置にポンプで海水を流し、これに付着した海水に天日および風をあてて水分を蒸発させ、かん水をつくり、そのかん水をさらにそこに流して濃縮することをくりかえす方法になりました。塩砂をかき混ぜる労力は軽減され、生産性が著しく向上しました。また、風による水分の蒸発が可能になったため、天気が悪くとも定量の塩の生産が可能になりました。

一九七〇年代からは、イオン交換膜という機能性高分子の膜を使ってかん水をつくり、煮詰めるときに真空蒸発法を利用して燃料を節約しています。

「もんじゅ」のナトリウムもれ

一九九五年十二月八日に、高速増殖原型炉「もんじゅ」（福井県敦賀市、電気出力二八万キロワット）でナトリウムもれが起き、火災事故が起きました。

この原子炉は、冷却剤に水ではなく融解して液体にしたナトリウムを用いています。事故の原因は、この配管に挿入されている温度計のさや管が折れたためです。管から配管室にこぼれ出たナトリウムが、空気中の水分と反応して火災となりました。

高速増殖炉は、核燃料に使えないウラン２３８を核燃料のプルトニウム２３９に効率よく変換することで、消費した以上の燃料を生み出すことができるというのですが、アメリカ、イギリス、フランス、ドイツなど、これまでに高速増殖炉を研究していたほかの国は、もう計画を中止しています。冷却に使うナトリウムを扱うことが難しいからです。

なお、「もんじゅ」は、二〇一六年十二月に廃止措置への移行が決定されました。

column

同位体発見以後、元素の概念が明確に

実験を元に「ふつうの化学的方法でそれ以上分けられない物質を元素という」という定義は限界があります。同位体の関係にある水素（軽水素）と重水素は、電気分解というふつうの化学的方法をくりかえせば分けることができてしまうので、この定義では水素と重水素は別の元素になってしまいます。

そこで、実験から離れて原子のもっている性質から元素を定義すると、「元素とは、原子核の陽子数で分けた原子の種類のことである」となります。

実際には、「元素」という言葉は未だ曖昧（あいまい）に使われています。たとえば、「酸素」といったときに、以上のような元素の意味なのか、オゾンと区別する単体の意味なのか、酸素分子なのか、それとも酸素原子のことなのかは文脈で推測するしかないのです。

12

Mg

マグネシウム

Magnesium
原子量 24.31

ギリシャ語のMagnesia（地名）に由来。マグネシアでとれた白い石からマグネシウムが得られた。

花火の銀白色の輝き

銀白色の金属です。過去には、カメラのフラッシュに使われていました。粉状、糸状、リボン状のマグネシウムに着火すると酸素と結合して高温になり閃光（せんこう）を発するからです。

マグネシウムは、実用金属の中ではアルミニウム、鉄に次いで、地殻における存在量が多い元素です。世界的にみて、マグネシウムの用途の約半分は、アルミニウムをベースとした合金（たとえばジュラルミン）をつくるために使われています。

次に、軽量化を狙ってダイカストとしての用途の需要が伸びています。ダイカストとは、融かして液体にした金属を金型に加圧注入して凝固させてから取り出す鋳造法です。自動車用ではホイール、ステアリングカラム、シートフレームなどがあり、携帯用の製品としては、ノート型パソコンの筐体（きょうたい）、カメラ、携帯電話などがあります。

緑色の植物には必ずマグネシウムが含まれています。植物に含まれる緑色は、マグネシウム化合物（クロロフィル）の色だからです。クロロフィルは植物の光合成になくてはならない化合物です。またマグネシウムは動物にとっても必須金属元素の一つです。

また、マグネシウムの燃焼は花火に利用されています。花火は上空で「星」を飛散します。その星の色は元素の炎色反応ですが、銀（白）色に輝く星もあります。これは、炎色反応ではなく、マグネシウムやアルミニウムなどの金属粉末が燃焼して高い温度になったときに、輝きを増したものなのです。

豆腐をつくるときのにがりの正体

にがりは海水を煮詰めて食塩を取り出した後の苦い煮汁で、その主成分は塩化マグネシウムです。にがりで大豆をしぼった豆乳を固めると豆腐ができます。

なお、今では豆腐の凝固剤は塩化マグネシウム（にがり）だけではなく、硫酸カルシウム、グルコノデルタラクトン、塩化カルシウム、硫酸マグネシウムなどいろいろなものがあります。何が使われているかは、ラベルの食品表示に記されています。

水が硬い、やわらかい

飲料水は硬水と軟水というように硬度によって分けることができます。カルシウム分やマグネシウム分がいっぱい入っているものが硬水、あまり入っていないものが軟水です。

水道水やボトル水の硬水地域というのは、石灰岩地域に水源をもつところです。わが国では、たとえば沖縄はサンゴ礁の島で、サンゴの体は石灰の殻ですから、その中を通ってくればカルシウムをたくさん含んでいます。しかし、わが国は、一般には軟水です。なお、マグネシウム分をたくさん含む水は下痢を起こすことがあり、マグネシウムの化合物は便秘予防の下剤に使われています。

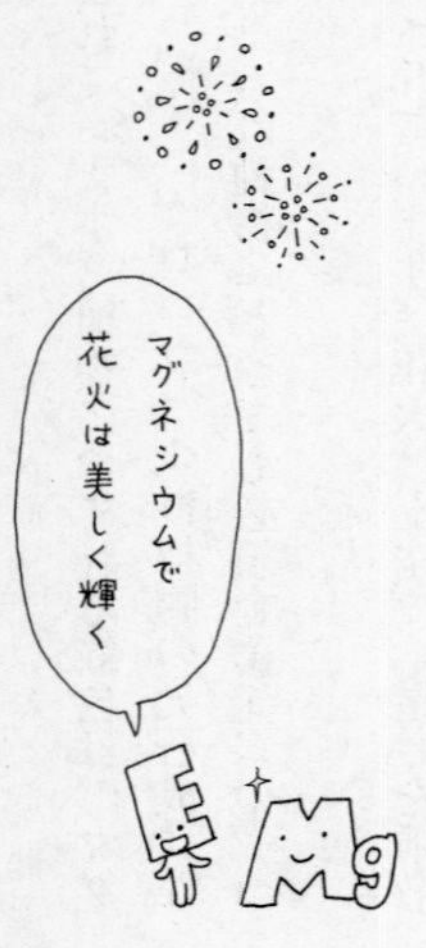

13

Al アルミニウム

Aluminium
原子量 26.98

古代ギリシャやローマでミョウバンをalumen（苦い塩）とよんだことに由来。

一円玉は一円以内ではつくれない!?

銀白色の軽い金属です。やわらかくて延性（引っぱると延びる性質）、展性（たたくと広がる性質）に富み、薄い箔に加工できます。家庭用アルミホイルは純度九九パーセントのアルミニウム、一円硬貨はほぼ一〇〇パーセントの純アルミニウムです。

軽くて電気をよく通すので、高圧電線に使われています。熱もよく伝えるので、鍋ややかんにも使われます。清涼飲料水やビールなどの缶としてもなじみ深いです。光をよく反射するので、道路のカーブミラーや天文台の反射望遠鏡の鏡にも使われています。ナポレオンの時代には金より高価でしたが、今は庶民的な金属です。

用途が極めて広いのは、表面が酸化アルミニウムの緻密な（ぎっしり詰まった）皮膜で覆われてさびにくいことが一つの理由です。アルミニウムに四パーセントの銅と少量のマグネシウムやマンガンなどを加えた合金がジュラルミンであり、軽くて強靭（きょうじん）

なため、航空機の機体などに使用されます。

水酸化アルミニウムは胃酸（塩酸）を中和するので胃薬に使われます。

一円玉は、純アルミニウムで、外径二〇ミリメートル、重さはちょうど一グラム、厚さは約一・五ミリメートルです。

ちょうど一個が一グラムなので、アメリカの理科教材業者のサイトで、理科実験のおもり用に販売されているのを見たことがあります。

硬貨の原価は公表されていませんので、一個の製造にいくらかかっているかは正確にはわかりません。しかし、一円玉の製造が赤字であることは確かなようです。原料となるアルミニウムのコストは一円に近いですし、さらに一円玉に仕上げる作業に対するコストをプラスすると二〜三円程度ではないかと推測されます。

アルミホイルの裏表

家庭でよく使われているアルミホイルは、裏表があるように見えます。表はつるつるとしているのに対し、裏は何かでこぼこしています。

裏表があるように見えるのは、薄いアルミホイルをつくる過程に理由があります。

アルミホイルをつくる過程では、アルミニウムのかたまりを加熱して延ばしやすくし、何段階にもわたってローラーに通していき、徐々に薄くしていきます。

家庭用のアルミホイルの厚さは、およそ〇・〇一五～〇・〇二ミリメートルととても薄いものです。一枚ではそこまで薄く広げることが難しく、広げるのに限界があります。そのためにある程度広げたあと、最後に二枚重ねて広げることによってさらに薄くするのです。そして、広げ終わったら、二枚重ねたアルミホイルをはがしていきます。するとアルミとアルミが接している面はにぶく光り、ローラーに接した面はローラーによって磨かれて光沢をもちます。こうして、アルミホイルの表と裏ができるのです。

二十三歳の青年の発明

一八〇七年にイギリスの化学者デービーは、ナトリウムとカリウムを取り出しました。すでに発明されていたボルタの電池を利用して、水酸化ナトリウムおよび水酸化カリウムを融解して液体状態にした上で、電気分解したのです。

ナトリウムとカリウムは、その大きな還元力によって、当時、まだ化合物から取り出す方法がなかった金属を得る強力な手段となりました。アルミニウムも最初はその還元力で取り出されました。こうして得られたアルミニウムは金よりも高価でした。

さて現在はどのように取り出しているでしょうか。

アルミニウムをたくさん含んでいる鉱石はボーキサイトですが、ボーキサイトは、酸化アルミニウム（アルミナ）を四〇～六〇パーセント含んでいます。これを精製してアルミナ（純粋な酸化アルミニウム）を取り出します。しかし、アルミナは融解して電気分解しようにも、融解するのに二〇〇〇度以上の高温が必要で困難なのです。

この困難に立ち向かっていった青年が、米国のホール（一八六三～一九一四）です。大学生時代から研究を開始し、大学を卒業してからは父親が建ててくれた木造の小屋で実験を続けました。「もしかすると、アルミナを溶かし込むことができるものがあるかもしれない。そうなればしめたものだ」と。彼が目をつけたのは氷晶石（ひょうしょうせき）でした。

氷晶石はナトリウムとアルミニウムとフッ素の化合物であり、グリーンランドでとれる乳白色のかたまりです。

約一〇〇〇度の融点の氷晶石を融解して、その液体中にアルミナを加えると、一〇パーセント程度も溶かし込むことができたのです。この液の中に電極を差し入れ、電気分解をすると、金属アルミニウムが陰極に析出(せきしゅつ)してきたのです。一八八六年のことです。その二カ月後にはフランスのエルー（一八六三～一九一四）が、この方法を発見しました。まったく独立に同じ方法を発見したのです。しかも、二人は、ともに二十三歳の青年でした。二人は、それぞれの国で特許をとりました。

現在、使われているアルミニウムの工業的なつくり方は、この二人の発見した方法そのものです（ホール・エルー法）。大量の電力を必要とするので、アルミニウムは電気のかたまりとか、電気の缶詰といわれており、リサイクルすることが重要となります。全世界における金属アルミニウムの年間生産量は約六五三一万四〇〇〇トン（二〇二一年）であり、ほぼ同量がリサイクルされています。

アルマイト加工

アルミニウムは、空気（酸素）や水と反応してぼろぼろになりやすい金属なのですが、自然に放置していても表面にとても緻密な膜ができやすいのです。この膜はアルミニウムと空気中の酸素が結びついてできた酸化皮膜で、いわば「さび」です。さびが、さらにさびることを防いでくれるのです。

この酸化皮膜を人工的にもっと厚くつけるとずっと丈夫になります。それがアルミ製品、たとえばアルミサッシの表面のアルマイト加工で、酸水溶液中でアルミニウムを陽極にして電気分解して、酸化皮膜を厚くつけたものです。

アルマイト加工は日本人の発明です。アルミニウム製のお弁当箱なども丈夫で長持ちするようにアルマイト加工がされています。

ジュラルミン

アルミニウムの合金としてよく知られているジュラルミン。これはアルミニウムの他に銅を約四パーセント、ほかにわずかのマグネシウムやマンガン、ケイ素などを含んでいます。五〇〇度ぐらいに熱したのち急冷して放置しておくと、高温では合金元素がアルミニウムに溶けて、一つの固体になりますが、時間が経つと、アルミニウム原子と銅原子が二：一の割合の結晶ができます。すると、結晶の中にはひずみが生じて硬くなり、とても丈夫になります。このような現象を時効硬化といい、二十世紀初めに、ドイツのウィルム（一八六九～一九三七）が偶然のきっかけで発見しました。

ジュラルミンは航空機の骨組みとして第一次世界大戦でドイツにより使用されました。さらに性能を改良したものとして超ジュラルミン、超々ジュラルミンがあります。

超々ジュラルミンは一九三六年に、日本の住友金属工業が開発したもので、零式艦上戦闘機の主翼などに使われました。現在は、ジュラルミンは、さらに改良されてもっとも強力なアルミニウム合金となっています。

アジサイの花の色の変化とアルミニウム

アジサイ（紫陽花）の花の色は、変化することが知られています。この花の色素の主成分はアントシアニンです。アジサイは同じ株から咲いている花でも色が変わったり、花の咲き初めから、咲き終わりまでに色が変化したりします。これは、アジサイの生育する土壌の酸性、アルカリ性の度合いと関係があるのです。アジサイに含まれる補助色素や土壌に含まれるアルミニウムの量などの影響を受け、酸性土壌では青色が強く、酸性が弱くなるにつれて赤味を帯びてきます。

14

Si ケイ素

Silicon
原子量 28.09

ラテン語の silex（火打石）に由来。オランダ語の keiaard を音訳した珪土がケイ素の語源。

シリコンと半導体

灰色の金属光沢をもった結晶です。初めは金属と誤解されましたが、その正体は半導体です。半導体素子材料、また太陽電池の材料としても多く使われています。現在のコンピュータにおける中心的な電子回路のほとんどが、ケイ素を利用した半導体です。電子情報産業が集約された、米国カリフォルニア州北部の地域がシリコンバレーとよばれているのは、シリコン、つまりケイ素が半導体の材料の主役になっているからです。

地球の主要な構成要素として、地殻中に大量に存在します。地殻中に存在する元素で、ケイ素は酸素の次に多い元素です。

代表的な鉱物は石英（二酸化ケイ素）です。石英の中でも結晶外形を示すものは水晶ともよばれています。石英は英語でクォーツといい、正確な時を刻むクォーツ時計に使われています。石英ガラスは光ファイバーとして情報化社会の光通信を支えています。ケイ素は、ガラスやセメント、セラミックス（陶磁器）にも含まれています。

ところで、シリコーンは、シリコンと酸素が交互に並んで鎖状に結合した有機高分子化合物で、シリコン（ケイ素）と名前が似ていますが混同しないように注意が必要です。

シリコーン油、シリコーンゴム、シリコーン樹脂などがあります。いずれも耐熱性、耐薬品性、撥水（はっすい）性、電気絶縁性、耐老化性に優れており、シリコーンゴムはシーリング剤や歯科医療の型取り剤などに使用されています。

15

P リン

Phosphorus
原子量 30.97

ギリシャ語 phos（光）＋ phoros（運ぶもの）に由来。

マッチや植物の肥料として役立つ

リンには白リン（黄リン）、赤リン、黒リンなどの同素体があります。白リンは白色から黄色のろうのような固体で悪臭があり、毒性もあります。白リンは、湿った空気中で酸素と反応してりん光を発します。身近にあるリンは、マッチ箱の側薬に含まれている赤リンです。

リン化合物は植物の肥料として重要です。リンが不足すると、生育がストップし、結実しなくなります。有機リン化合物には、神経毒となるものがあり、殺虫剤などに利用されています。かつて毒ガス兵器として使われ、地下鉄サリン事件でもまかれたサリンも有機リン化合物です。

体内には七〇キログラムの体重の成人で七〇〇〜七八〇グラム含まれています。骨や歯はヒドロキシアパタイトとよばれるリンとカルシウムなどを含む化合物です。

細胞の中の遺伝子のＤＮＡは、リン化合物と糖が交互に並んだ長い二重らせん構造をもっています。リン化合物は生命活動に重要な役割を果たしています。

初期のマッチは軸木に黄リン、酸化剤、可燃剤などが全部一緒に塗ってあり、どこでも軽くこすると火がつきました。西部劇でもそんなシーンを見たことがあるかもしれません。

黄リンに毒性があり、取り扱いも危険なため一九〇六年に製造禁止になりました。なお、黄リンは白リンの表面が赤リンで覆われて淡黄色をしているので成分的にも性質も白リンと同じです。

現在のマッチは、マッチの箱の赤茶色の部分は赤リン、硫化アンチモンの混合物が塗ってあります。軸木の先端部分は酸化剤（塩素酸カリウムなど）と可燃剤（硫黄）および摩擦材（ガラス粉）を混ぜたものがつけてあります。これは「安全マッチ」といいます。軸木の頭を箱の赤茶色の部分にこすると摩擦熱で赤リンが酸化して、その反応熱で軸木の可燃剤が酸化剤の助けで炎を出して燃え、さらに軸木に火が移って燃え続けます。

16

S 硫黄

Sulfur
原子量 32.07

ラテン語の sulpur（硫黄）に由来。

〝硫黄のにおい〟の正体

硫黄には多くの同素体があり、もっとも一般的な黄色の結晶は斜方硫黄で、黄色の樹脂光沢のある結晶です。他に単斜硫黄やゴム状硫黄があります。

硫黄は火山の火口付近で見られ、有史以前から人類になじみのある元素です。温泉から出てきた硫黄の沈殿物は湯の花とよばれて、温泉土産になっています。

かつては火山地帯で工業用などの硫黄を採取していましたが、現在は石油に含まれる硫黄を「脱硫（だつりゅう）」という操作で取り除いて採取しています。硫黄は燃えると二酸化硫黄（亜硫酸ガス）になり大気汚染の原因の一つになるので、石油の脱硫が行われています。その方法で採取した硫黄で間に合った状態にあるので、天然の硫黄採取は行われていません。

酸性雨は、窒素酸化物や硫黄酸化物が水と反応して硝酸、亜硫酸や硫酸などになったものです。

強酸の一つである硫酸も硫黄からつくられています。硫黄を燃やしてできる二酸化硫黄を、バナジウム触媒を用いて三酸化硫黄にして九八パーセント硫酸に吸収させて発煙硫酸などをつくっています。硫酸は化学製品の原料として大変重要です。

ニンニク、玉ねぎ、ワサビ、ダイコン、キャベツなどの独特のにおいや刺激臭は硫黄化合物が原因です。ガスもれの際にすぐに気付くように、ガスにわざと配合されている悪臭化合物も硫黄化合物です。

私たちの体を構成するタンパク質にも硫黄がたくさん含まれています。爪や髪の毛にはとくに数多く含まれています。パーマは髪の毛の中の硫黄同士を化学反応で切り離したりくっつけたりして行っています。

ビタミンB_1やペニシリンの分子にも硫黄が含まれています。

温泉街などで「硫黄のにおいがする！」というのは正しくは「硫化水素のにおい」で、硫黄自体は無臭です。硫化水素は、よく「卵の腐ったようなにおい」といわれますが、卵の腐った状態を見ることが難しいので実感がわきません。

そこで私は「固ゆで卵のにおい」と説明しています。固ゆで卵の殻をむいたときにつんとくるにおいは硫化水素のにおいです。

生ゴムと硫黄の出合い

ゴムをヨーロッパに初めて紹介したのはコロンブス（一四五一頃〜一五〇六）といわれています。一四九三年、第二回目の航海でプエルトリコとジャマイカに上陸し、そこで先住民が大きく跳ねるボールで遊んでいるのを見て驚いたといわれています。

生ゴムは高温でやわらかく、低温で硬くなり、使いにくかったのですが、硫黄を加えるとゴムの弾力性が上がって強くなることがわかりました。この加硫という操作で、ゴムの品質がずっと向上しました。ひも状で絡み合っただけだったゴムの分子同士を硫黄分子が橋かけの役割をしてゴムの弾力性が出てきます。

加硫で、ゴムの弾力性が飛躍的に上がり、さらに絶縁性、不浸透性、耐久性が上がりました。加硫はゴムの実用化の歴史の中で画期的な発明でした。加硫を行っていないゴム（生ゴム）は一度変形したら戻らないのに、加硫すると弾力性が増し、戻るようになります。

ゴムが弾性体として実用化されるようになったのは、米国のチャールズ・グッドイヤー（一八〇〇～一八六〇）が一八三九年の冬に、偶然にゴムに硫黄を混ぜて加熱する加硫とよばれる技術を開発してからです。

ノーベル賞受賞者の田中耕一さんが感動した実験

市販の濃硫酸は、濃度約九六パーセントで、密度一・八四グラム毎立方センチメートル（一五度）の重くて粘性のある無色の不揮発性の液体です。濃硫酸を水で薄めると熱を発生するので、薄めるときは、水の中にガラス棒などを伝わらせて静かに濃硫酸を加えます。濃硫酸中に少量の水を加えると、発熱により突沸するので大変危険です。

濃硫酸は、種々の化合物中の水素原子と酸素原子を二：一の割合（つまり水H_2Oと同じ）で引き抜く、いわゆる脱水作用があります。

濃硫酸の脱水作用を示す実験で、ノーベル化学賞受賞者の田中耕一さんが小学校時代に恩師から見せられて、感動した実験があります。蒸発皿に白砂糖を入れて、そこに濃硫酸を数滴たらして様子を見る実験です。しばらくすると、湯気を盛んに出しながら、もこもこと黒い固まりが盛り上がってきます。白砂糖の成分のショ糖$C_{12}H_{22}O_{11}$から濃硫酸が水素原子と酸素原子を引き抜いたので、炭素が残ったのです。

17

Cl 塩素

Chlorine
原子量 35.45

ギリシャ語のchloros（黄緑色）に由来。

混ぜるな危険！

ハロゲンの仲間の刺激臭のある黄緑色の気体です。塩素は非常に反応性が高いので、自然界では単体では存在せず、すべて化合物となっています。

食塩の成分の塩化ナトリウム、塩酸（塩化水素）は代表的な塩素の化合物です。プラスチックのポリ塩化ビニル（塩ビ）も塩素の化合物です。塩素系漂白剤やさらし粉も塩素化合物です。ドライクリーニングの洗剤としても塩素化合物が使われています。

塩素や塩素の化合物は、殺菌作用があるため水道水やプールなどの消毒に使われます。その適切な使用濃度では健康上の問題はありません。

塩ビ管（ポリ塩化ビニル）など塩素を含むプラスチックを焼却すると、ダイオキシンとよばれる物質群が生成することがあります。ダイオキシンも塩素化合物であり、ダイオキシンの中には毒性の高いものもあります。

私たちの胃袋で分泌され、消化と殺菌に役立つ胃酸は塩酸です。

塩素ガスは、空気中にわずか〇・〇〇三～〇・〇〇六パーセントでもあると鼻、のどの粘膜をおかし、それ以上の濃度になると血を吐いたり、最悪のときには死に至ります。家庭においては、塩素系漂白剤と酸性の物質を混ぜると、有毒な塩素が発生するので、塩素系漂白剤には「混ぜるな危険！」の表示があります。酸性の物質としてはトイレ用の酸性洗剤に成分が塩酸のものがあります。とくに、このような漂白剤や酸性物質を、空気の換気が悪いトイレや風呂の清掃に使う際には注意が必要です。

毒ガス兵器に使われた塩素ガス

時は一九一五年四月二十二日、所はベルギーのイープルの地でのことです。ドイツ軍とフランス軍のにらみ合いのさなか、ドイツ軍の陣地から黄白色の煙が春の微風に乗ってフランス軍の陣地へと流れていきました。それが塹壕（ざんごう）（溝を掘り、前方に掘った土や土のうを積み上げたもの）の中へ流れ込んだ途端、兵士たちはむせ、胸をかきむしり、叫びながら倒れ……そこは阿鼻叫喚（あびきょうかん）の地獄絵そのものに変わったのです。

塩素ガスは空気よりも重いので、風に乗って地面をはうようにして進み、塹壕の中へ流れ込んだのです。ドイツ軍は一七〇トンの塩素ガスを放出し、フランス軍兵士五〇〇〇人が死亡、一万四〇〇〇人が中毒となりました。

これが史上初の本格的な毒ガス戦、第二次イープル戦の惨状です。以後、毒ガスとしての性能を上げた新しい毒ガス兵器が次々と開発されるようになりました。

塩素を含むプラスチックを見分ける方法

家庭で簡単にできる炎色反応を利用した方法で、ポリ塩化ビニル（塩ビ製品）やポリ塩化ビニリデン（ラップ用）という塩素を含むプラスチックを調べることができます（バイルシュタイン反応）。必ず換気など十分に注意してやりましょう。

①わりばしに細い銅線を巻きつけて空焼きしたものを、熱いうちに銅線の部分をプラスチックに押しつけて融けたプラスチックをくっつけます。

②銅線に融けたプラスチックがついた部分を再度ガスコンロの炎の中に入れます。炎の色が青緑なら塩素を含んだプラスチックです。

18

Ar
アルゴン

Argon
原子量 39.95

ギリシャ語の an（否定語）＋ ergon（働く）、すなわち働かない、怠け者、に由来。

白熱電球の中にアルゴンを入れる

貴ガスの仲間の無色無臭の気体です。語源の通り、他の物質とほとんど反応しません。今のところフッ化水素酸アルゴンという化合物が報告されています。

アルゴンは、貴ガスの中で空気中にもっとも多く含まれており、空気中には〇・九三パーセントと多く、窒素七八パーセント、酸素二一パーセントに次いで多い気体です。

ネオンサインで、ネオンに少量のアルゴンを混ぜるとネオンの赤色に代わり青色や緑色に輝きます。アルゴンガスは空気に比べて熱を伝えにくく、断熱性の良い二重ガラス窓で二枚のガラスの間に封入されます。電球や蛍光灯の中にもアルゴンガスが封入されています。

アーク溶接の際に、大気中の酸素によって溶接部分が酸化されないように、シールドガスとして使われています。

白熱電球に電気を通すとフィラメントが非常に高温になります。そうすると、フィラメントの表面からタングステン原子が外へ揮発します。固体から直接気体になる「昇華」という現象です。すると、フィラメントが細くなって切れやすくなるので、「昇華」を抑えるために、アルゴンを入れて長持ちさせています。

なぜアルゴンかというと、貴ガスなので他のものと結びつかない、しかも空気中にたくさんあるので安価だからです。原子番号が大きい——つまり原子が大きいクリプトンやキセノンならば、高価になりますが、さらに「昇華」を抑える働きがあります。

アルゴンとカリウム40

地球には、古来から現在に至るまで、天然に放射性カリウムのカリウム40が存在しています。カリウム40が放射線を出して崩壊するとアルゴンが生まれます。空気中に多く存在するアルゴンは、主にこうして生成したと考えられています。

カリウム40とアルゴンの量を測ることにより、古代の岩石の年代測定ができます。

これをカリウム－アルゴン年代測定法といいます。

実際に取り出された最初の貴ガス

貴ガスの発見は一八九四年、イギリスの科学者ラムゼー（一八五二～一九一六）とレイリー（一八四二～一九一九）によるアルゴンの発見から始まります。

レイリーは、大気からの分離で得られた窒素が窒素化合物から得た窒素よりも密度が大きいことを発見しました。そこで大気の中に新元素が含まれているのではないかとラムゼーと協力。粘り強く実験をくりかえし、空気中に約一パーセント含まれるアルゴンを発見したのです。

ラムゼーは引き続き、空気中からネオン、クリプトン、キセノンを発見しました。また、太陽のスペクトルから存在が推定されていたヘリウムもウラン鉱石から単離しました。

アルゴンは空気中に数多く含まれていたのに、長い間、存在がわからなかったのは、他の元素と反応せず、隠れた存在だったからです。その性質から元素名が「アルゴン（怠け者）」になりました。

Part Ⅱ

原子番号19～54

K Ca Sc Ti V Cr Mn Fe Co Ni Cu Zn Ga Ge As Se Br Kr Rb Sr Y Zr Nb Mo Tc Ru Rh Pd Ag Cd In Sn Sb Te I Xe

19

K カリウム

Potassium
原子量 39.10

カリウムはアラビア語「植物の灰(qali)」から。英語は「草木の灰(potash)」から。

「アルカリ」の語源

アルカリ金属の仲間のやわらかい銀白色の金属です。ナトリウムより激しく空気中の酸素と結合したり、常温でも水面上で赤紫色の炎を上げて燃えながら激しく反応します。赤紫色はカリウムの炎色反応の色です。とてもイオンになりやすく、自然界には化合物で存在しています。

植物にはカリウムが含まれています。植物の三大栄養素は窒素、リン、カリウムであり、カリウム化合物、たとえば塩化カリウムや硫酸カリウムはカリ肥料として使われます。硝酸カリウムは燃焼補助剤としてタバコに混ぜられています。硝酸カリウムは火薬の原料にもなります。

私たちの体の中には、体重七〇キログラムの人ならば一五〇グラム前後のカリウムが含まれています。細胞中の陽イオンのほとんどはカリウムイオンです。ナトリウムイオンと一緒に、神経における興奮の伝達や細胞内外の浸透圧の調整などに大きな役割を果たしています。

昔から、草木灰の汁をかめに注いで煮詰めることで得た白い固体を、衣類の汚れを取り除く洗浄に用いてきました。「アルカリ」という言葉は、アラビア人が〝灰〟というアラビア語「カリ」に接頭語の「アル」をつけてできたといわれています。つまり、アルカリという言葉は、元をたどると植物の灰のことだったのです。

現在、化学的に「アルカリ」は、主としてアルカリ金属（周期表の1族のリチウム以下）、アルカリ土類金属（2族のカルシウム以下）の水酸化物を指しますが、しばしばアルカリ金属の炭酸塩とアンモニアも含めます。

植物の灰の成分は？

次は、被子植物の主な元素組成（乾燥物パーセント）の一例です。

炭素 四五　酸素 四一　水素 六　窒素 三　カルシウム 一・八　カリウム 一・四

硫黄 〇・五　マグネシウム 〇・三　ナトリウム 〇・一

植物の体を燃やすと成分元素の炭素、水素、窒素、硫黄などは酸素と結びついたりして空気中に広がってしまいます。灰として残るのは、カルシウム、カリウム、マグネシウム、ナトリウムなどの金属元素の酸化物や炭酸塩です。草木灰に炭酸カリウムは一〇~三〇パーセント含まれています。

なお、コンブやワカメなど海藻を焼いた灰の主成分は炭酸ナトリウムです。

自然界のカリウムの〇・〇一パーセント、すなわち一万分の一は放射性のカリウム40です。私たちは、体内で、カリウム40などから放出される放射線で内部被ばくしています。その被ばく量は、体重六〇キログラムの人で、カリウム40から四〇〇〇ベクレル、炭素14から二五〇〇ベクレル、ルビジウム87から五〇〇ベクレルです。これらの内部被ばくから私たちは逃れられません。体内のカリウム40からの四〇〇〇ベクレルは、年間の内部被ばく量として〇・一八シーベルトになります。

カリウムは岩石にも多く含まれているので、当然、岩石中にはカリウム40があります。花こう岩でできた建物の近くでは、外部被ばく量が他の場所と比べて大きくなります。関東地方と関西地方を比べると、関西地方のほうが年間で二~三割ほど自然放射線の量が高くなっています。これは、関西地方は、大地にカリウム40などを比較的多く含む花こう岩が関東地方より多く存在しているからです。

20

Ca カルシウム

Calcium
原子量 40.08

ラテン語の calx（石灰）の語幹 calc- に由来。

カルシウムは何色？

銀白色の金属です。「カルシウム」と聞くと、白色をイメージするかもしれませんが、白色なのはカルシウムの化合物の場合です。水とおだやかに反応し、水素を発生しながら溶けていきます。石灰石、石こう、方解石として地殻の重要な構成成分であるだけでなく、骨、歯、殻などの生体の主成分の一つです。

石灰石は、炭酸カルシウムからなり、セメントの原料になります。卵の殻や貝殻の主成分も炭酸カルシウムです。

私たちの体の中で、もっとも多く含まれる金属元素です。骨や歯はもちろん、細胞や体液で重要な役割を果たしています。成人の体内には約一キログラムのカルシウムが含まれています。その九九パーセントが骨や歯に、残り一パーセントは血液中や細胞に含まれています。

真珠は、炭酸カルシウムの結晶とタンパク質の層が交互に積層されて形成される生体鉱物です。

カルシウムとマグネシウムを多く含む水のことを硬水といいます。日本の水は一般的に軟水です。硬水で石けんを使うと、カルシウムの化合物の石けんカスが生成して泡立ちません。塩化カルシウムは乾燥剤や道路の凍結防止剤として使われます。

生石灰と消石灰

石灰石を高温で焼くと、二酸化炭素を放出して生石灰（酸化カルシウム）になります。生石灰に水を加えると、熱を発しながら消石灰（水酸化カルシウム）になります。消石灰の水溶液が、石灰水です。理科の実験でよくやりますが、石灰水に二酸化炭素を吹き込むと、白い沈殿ができます。この沈殿物は、石灰石と同じ炭酸カルシウムです。

生石灰は、せんべいなどの包装食品の乾燥剤に用いられます。

消石灰は、かつてはグラウンドの白線引きに使われていました。しかし、強いアルカリ性のため、傷口や眼に入ると危険なので、現在は炭酸カルシウムの粉末が用いら

◆石灰石から生石灰と消石灰を生成

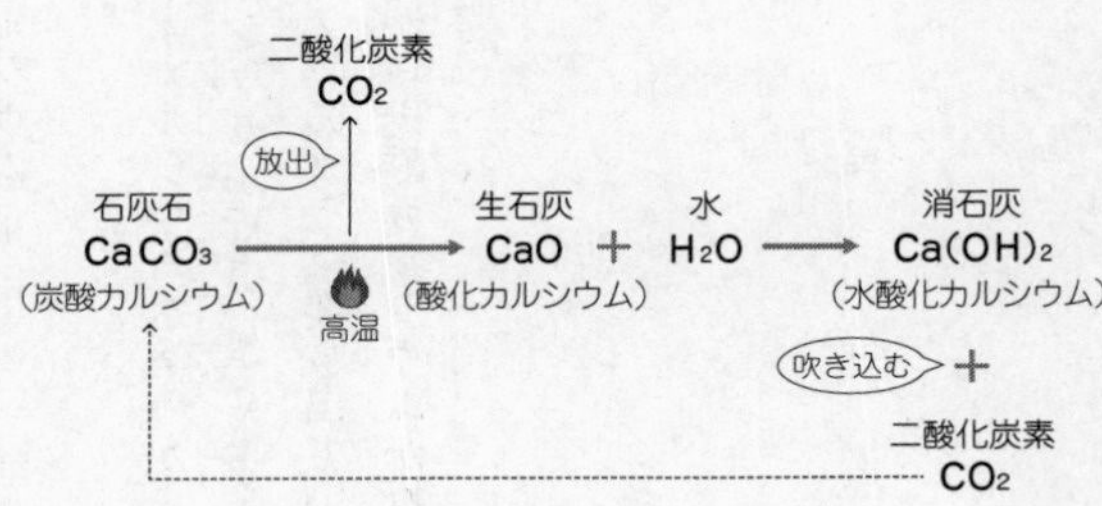

れています。

ひもを引くと温めることができる弁当があります。生石灰（酸化カルシウム）と水が別々に入れてあってひもを引くとこれらが一緒になり、

酸化カルシウム＋水→水酸化カルシウム

という発熱反応が起こるのです。

鍾乳洞ができるしくみ

石灰岩質の土地にできた空洞が鍾乳洞（しょうにゅうどう）です。石灰岩（炭酸カルシウム）は水に溶けませんが、二酸化炭素が溶けた水には溶けて炭酸水素カルシウム水溶液になります。

溶けた部分が大きくなって空洞になります。

炭酸カルシウム ＋ 水 ＋ 二酸化炭素 ↓ 炭酸水素カルシウム

炭酸水素カルシウム水溶液から二酸化炭素が逃げると、この逆反応が起こって再び炭酸カルシウムが析出してきます。こうして、つららのように成長したのが鍾乳石で、タケノコのように突き出ているのが石筍（せきじゅん）です。これらは炭酸水素カルシウムを溶かした水から炭酸カルシウムが析出してできたもので、その成長には長い年月が必要です。

21

Sc

スカンジウム

Scandium
原子量 44.96

発見当初の主要産出地スカンジナビアScandinaviaを意味するラテン語のScandiaに由来。

銀白色のやわらかい金属。スカンジウム、イットリウムとランタノイド一五元素の計一七元素を希土類（レアアース）元素といいます。ヨウ化スカンジウムとして水銀灯の一種であるメタルハライドランプに用いると強い光が得られます。また、アルミニウムに加えることで、合金の強度を高める目的に用いられます。金属バットにこの合金を用いることがあります。

今のところ用途も少なく地味な存在です。

22

Ti チタン

Titanium
原子量 47.87

ギリシャ神話の巨人タイタン(Titan)に由来。

航空機やゴルフクラブに利用

非常に硬く軽い銀白色の金属。天然には土中に酸化チタンとして含まれ、チタン鉄鉱やルチルなどの鉱石としても存在します。チタン、あるいはアルミニウムやモリブデン、鉄などとの合金は、丈夫でさびにくく、軽く、熱を伝えにくく、高温にも耐えることができます。そのため、航空機や船の構造材、スプーンやフォーク、メガネのフレーム、ゴルフクラブなどの日用品まで、さまざまな分野で利用されています。

純度の高い二酸化チタンは純白です。化学的に安定で、安全性にも問題がないため、白色顔料として日焼け止めなど化粧品に使われています。また、光触媒としての性質をもち、光を吸収して有機物による汚れを分解する働きがあります。

光触媒とは、光を吸収することで反応の触媒として働く物質のことです。触媒とは反応の前後で変化せず反応の促進をする物質で、理科で学ぶ例では、薄い過酸化水素水に入れて酸素を発生させる実験に使用する二酸化マンガン〔酸化マンガン（Ⅳ）〕や消化酵素が触媒です。

光触媒は、一九六七年、酸化チタンが太陽光のエネルギーで水を酸素と水素に分解すること（本多・藤嶋効果）の発見が発端になった日本発の技術です。

一九九〇年頃、強い酸化力を活かした、有害物質の分解という用途が見出（みいだ）されました。ホルムアルデヒドや窒素酸化物、においの原因となる物質などの空気浄化、有機物分解や殺菌などの水の浄化、細菌やウイルスの不活性化などです。

また、水となじみやすい超親水性の機能を利用して、タイルや窓ガラス、壁などの清浄化にも利用されています。酸化チタンの粉末を塗布しておくと、太陽光が当たることにより光触媒の働きで汚れや埃（ほこり）、細菌といった有機物が分解され、さらに超親水性により、水で脂汚れなど有機物を浮き上がらせ洗い流してしまいます。この分解・除去のプロセスを「セルフクリーニング」といい、タイルや窓ガラス、壁など以外にもカーブミラーやテント膜材等、広範囲で利用されています。

23

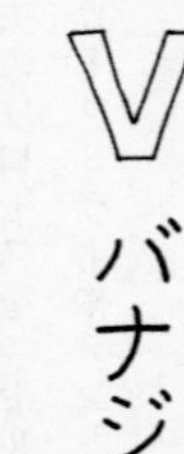

バナジウム

Vanadium
原子量 50.94

スカンジナビアの美の女神 Vanadis に由来。多様な美しい色の化合物をつくることから。

やわらかい銀白色の金属です。鋼の強度を高めるために添加物として用いられます。バナジウムをチタンに加えた合金は軽量で強く、腐食しにくいことから航空機などに用いられています。

ホヤ、ウミウシやアメフラシなどの海産生物は海水中のわずかなバナジウムを濃縮して体にため込んでいます。

「血糖値を下げる」ことに効果があるという報告が一部にあり、バナジウムを含んだミネラルウォーターやサプリメントが販売されています。しかし、十分な科学的な検証はなく、過剰摂取の危険性が示唆（しさ）されています。

24

Cr

クロム

Chromium
原子量 52.00

ギリシャ語の chroma（色）に由来。酸化状態により多様な色を示すことから。

硬い銀白色の金属です。鋼の強度を高めるために添加物として用いられ、とくにステンレス鋼の製造に重要です。ステンレス鋼は、鉄にクロムとニッケルを加えた合金です。ステンレス鋼がさびにくいのは、表面にできる非常に緻密な酸化皮膜、つまりさびで内部が保護されているからです。

光沢の美しさと摩擦やさびへの耐性が高いので金属製品のめっきに使われます。

さまざまな鉱物に含まれ、エメラルドの緑色、ルビーの赤紫色は不純物として微量に含まれるクロムイオンによるものです。クロム化合物は顔料として用いられています。多くのクロム化合物は毒性があり、とくに六価クロム（クロム酸カリウムなど）は毒性が強いです。

25

Mn

マンガン

Manganese
原子量 54.94

ラテン語の magnes（磁石）に由来。

硬くてもろい銀白色の金属です。鋼に添加物として加えられ、強度を高めたり加工性を向上させたりします。マンガン乾電池には正極活物質（正極で電子を受け取る物質）として酸化マンガン（Ⅳ）（二酸化マンガン）が用いられています。

海底の火山活動や熱水活動などで海水に溶け出したマンガンや鉄が、酸素の多い海水と接して酸化物になって海底に沈殿し、じゃがいも状のかたまり（一般に黒褐色で、多くが直径一〜一〇センチメートル程度）をつくります。マンガン団塊の主成分は、鉄、マンガンですが、そのほかに有用金属としての銅、ニッケル、コバルトなどを含むことから、重要な海底鉱物資源と注目されています。

マンガン団塊は、一八七三年、英国の海洋探検船「チャレンジャー号」が、アフリカ北西沿岸の沖合の海底で、初めて発見しました。

26

Fe

鉄

Iron

原子量 55.85

ギリシャ語の「強い（ieros）」に由来。元素記号はラテン語の ferrum（鉄）から。

現代も鉄器文明の時代

銀白色の金属。鉄、コバルト、ニッケルは代表的な強磁性体です（磁石によくつく）。紀元前五〇〇〇年頃から利用されていて、現代も鉄器文明の流れにあります。

地殻中では四番目、地球全体ではもっとも多く存在する元素で、地球の核の大部分は融けた鉄であると考えられています。

建築材料から、日用品にいたるまで、もっとも広く利用されている金属です。

鉄が優れた性質をもつ合金（二種類以上の金属を混ぜ合わせたもの）をつくることも用途の広さの理由の一つです。炭素の含有率が〇・〇四～一・七パーセントのものを鋼といい、強靱で鉄骨やレールなどに用いられています。合金のほかに、鋼の表面をめっきしたものにトタンとブリキがあります。亜鉛をめっきしたものがトタンであり、スズをめっきしたものがブリキです。

使い捨てカイロや食品の脱酸素剤には鉄粉が含まれ、この酸化反応が利用されています。人体に存在する赤血球中のヘモグロビンは鉄を含むタンパク質であり、酸素を体中に運ぶのに鉄は重要な役割を果たしています。

私たちの文明は石器から金属器に移り変わりました。金属は自由に加工でき、しかも硬いため大きく文明が進歩しました。

金属器では青銅器がまず使われました。青銅は銅とスズの合金です。銅は自然銅が存在しましたし、銅鉱石から銅を取り出すのも容易でした。

ところが、鉄鉱石の酸化鉄の鉄と酸素の結びつきは強いので鉄を取り出すのは大変でした。それでも、鉄のほうが農機具にしても武器にしても青銅よりずっと優れていたので、取り出すのが大変でも青銅器文明は鉄器文明に移っていきました。

とくに十八世紀、産業革命によって機械文明が始まると、各種機械の材料として金属が一段と活発に利用されるようになりました。酸化鉄を還元して鉄にするのには、初めは木炭を使い、自然の風や人力や水力で送風していました。わが国では砂鉄と木炭で行う「たたら製鉄」が有名です。

その後、溶鉱炉で石炭をむし焼きにしてつくったコークスを使い、蒸気機関で送風して鉄鉱石を還元するようになり、大量生産体制に移りました。溶鉱炉に鉄鉱石、コークス、石灰石を入れ、熱い空気を炉の下から送り込むと、コークスが燃えて高温になり、鉄鉱石は主に一酸化炭素によって還元されて鉄になります。

生成した銑鉄(せんてつ)は炉の底にたまり、不純物はその上に浮上します。溶鉱炉から得られる銑鉄は、炭素を多く含んでおり、もろいです。銑鉄を転炉に移し酸素を吹き込むと鋼になります。

現代は、アルミニウムやチタンなど新しい金属も活躍していますが、もっとも主要な金属は鉄のままであり、鉄器文明の流れの中にあります。

日本の鉄生産の歴史

日本における鉄の生産が始まったのは、弥生時代の後半から末期にかけてだといわれています。

わが国のたたら製鉄とは、炉内に原料と木炭を入れて火を点け、ふいごで送風して火力を高めて精錬する方法です。

送風は手押し式から足踏み式のふいごによる送風に改良されて、江戸時代になると大規模なたたら製鉄法が完成しました。

しかし、たたら製鉄は膨大な労力がかかり、かつ鉄と同量の木炭が必要で、しかも原料鉄の三〇パーセントほどしか鋼が得られなかったため、明治時代後半には溶鉱炉を用いた洋式製鉄法に完全に取って代わられました。そして、大正末期には完全に姿を消してしまいました。

最近になって、伝統技術の保存のために、たたら製鉄法が各地で再現されるようになりました。また、日本刀製作に使用される玉鋼（たまはがね）はたたら製鉄によるものが適しているので、日本美術刀剣保存協会が島根県にたたら製鉄場を建設して、現在も操業を行っています。

高純度の鉄の驚きの性質

鉄に含まれている炭素、リン、硫黄などを取り除いて、純度九九・九九九パーセント以上まで上げた鉄は、不純物が〇・一パーセント程度含まれている一般の純鉄と性質が異なります。

この超高純度鉄は東北大学金属材料研究所の安彦（あびこ）兼次客員教授により、電解鉄を超高真空中で溶解し、電子銃を用いた浮遊帯溶融精製で不純物を減らす処理をすることにより一九九九年に製造に成功しました。

一般の鉄は希塩酸に水素を発生しながら溶けますが、超高純度鉄は泡が少し出る程度で、酸による耐食性が一〇倍以上高くなります。さらに、一般の鉄より高い可塑性（ある限界以上の力を加えると連続的に変形し、力を除いても変形したままで元に戻らない性質）をもち、液体ヘリウム温度の超低温でも可塑性が失われません。

超高純度鉄は、本当の〝鉄の素顔〟を見せているのかもしれません。これをもとにした合金は、これまでの鉄の合金とは違った性能を示す可能性があります。たとえば、これをもとにした耐熱合金は加工性が非常によかったのです。

私たちの体内の鉄

鉄は私たちの体の中に四～五グラムくらい含まれています。そのうちの約七〇パーセントが血液中に含まれています。血液が赤色をしているのは、血液に赤血球という赤色の粒（細胞）がたくさんあるからです。その赤血球が赤色なのは、ヘモグロビンという赤色のタンパク質でできた色素を含んでいるからです。鉄はヘモグロビンと結びついています。ヘモグロビンは酸素と結合して酸素ヘモグロビンになり、体内の細胞に酸素を運ぶ役割を果たしています。

鉄分不足で問題になるのは貧血です。貧血の中でもっとも多いのが鉄欠乏性貧血だからです。鉄を多く含む食品としては、レバー、ほうれん草などがあります。

「鉄分の王様」とよばれたヒジキの鉄分が一〇〇グラムあたり五五ミリグラムあったのに六・二ミリグラムと、九分の一になりました。これは、文部科学省が二〇一五年十二月二十五日、日ごろ口にする食品の栄養成分をまとめた日本食品標準成分表の改訂版のヒジキの表示です。

流通しているヒジキ製造に使う釜の多くが鉄製からステンレス製に代わったことで、ヒジキに含まれる鉄分が大幅に減少したということです。切り干し大根もステンレス製包丁の普及を受け、一〇〇グラムあたりの鉄分が九・七ミリグラムから三・一ミリグラムに減りました。実際、鉄鍋を使うと料理に含まれる鉄分量は上がります。

Cobalt
原子量 58.93

ドイツ語の kobold（地中の妖精）に由来。

銀白色の金属です。鉄、ニッケルと共に磁石によくつく強磁性体です。パソコンなどのハードディスクの磁気ヘッドをはじめとする磁石の原料に用いられます。ニッケルやクロム、モリブデンとの合金は高温中でも強度が高いため、航空機やガスタービンに用いられています。

化合物は多様な色を示します。コバルト・ブルーは、コバルトとアルミニウムの酸化物で、代表的な青色顔料です。コバルトの化合物は、ほとんどが多彩な色を示します。塩化コバルト（II）は水がくっついていない状態では青色で、水がくっつくとピンク色や赤色になります。そこで、食品用乾燥剤のシリカゲルに塩化コバルトを添加しておくと、まだ乾燥剤として使えるときは青色、水分を十分に吸ってしまったときはピンク色になります。

ビタミンB_{12}に含まれる、ヒトをはじめ多くの生物に必須の元素です。

28

Ni

ニッケル

Nickel
原子量 58.69

ドイツ語の Kupfernickel（悪魔の銅）に由来。

銀白色の金属で、鉄、コバルトなどと共に磁石によくつく強磁性体です。地殻にはわずかしか存在しませんが、地球の核とマントルには比較的多く分布していると考えられています。

光沢があり耐食性があるため、めっきに用いられます。クロムと共にステンレス鋼の成分として用いられます。銅との合金は白銅とよばれ、五〇円硬貨や一〇〇円硬貨などに用いられ、充電可能な二次電池（ニッケル－カドミウム電池、ニッカド電池）の電極材料としても用いられます。金属アレルギーを引き起こしやすい金属の一つです。

29

Cu

銅

Copper

原子量 63.55

キプロス島産を意味するラテン語（cuprum）に由来。ローマ時代、キプロスは銅の産地だった。

日本の硬貨は一円玉以外は銅の合金

やわらかい赤みを帯びた金属光沢をもつ金属。紀元前三〇〇〇年頃には精錬されて利用されていました。現代でも鉄、アルミニウムに次ぐ重要な金属材料の一つです。

電気抵抗が銀の次に小さいので電線などに広く用いられています。展性・延性が高く熱伝導性も高いため、多くの加工品に用いられます。また、さまざまな金属との組み合わせで多くの合金が知られ、幅広く利用されています。

ヒトを含む生命に必須の元素です。生体内で活性酸素の一種（スーパーオキサイド）を分解する酵素などに含まれています。

銀イオンより弱いですが、銅イオンには抗菌・殺菌作用があります。そのため、雑菌によって生じるぬめりや臭いを防ぐ効果があります。実用例としては、靴下の防臭目的で、布地の中に銅線を織り込むことなどが行われています。

◆1円玉以外は銅の合金

白銅貨
（銅 75% ＋ ニッケル 25%）

ニッケル黄銅貨
（銅 72% ＋ ニッケル 8% ＋ 亜鉛 20%）

2021年11月1日より発行開始の新500円貨は、ニッケル黄銅、白銅および銅で、銅75%＋ニッケル12.5%＋亜鉛12.5%。

黄銅貨
（銅 60% ＋ 亜鉛 40%）

青銅貨
（銅 95% ＋ 亜鉛 3〜4% ＋ スズ 1〜2%）

イカやタコなどの海産無脊椎（むせきつい）動物では体内の酸素運搬体として銅イオンを含むヘモシアニンというタンパク質が用いられています。

わが国の硬貨は、五円玉から五〇〇円玉まで、一円玉以外は銅の合金です。

銅に生じる緑色のさびは有毒？

緑青（ろくしょう）は銅に生じる緑色のさびの総称です。緑青の成分は、銅に含まれる不純物の種類、あるいは銅が置かれた環境条件の差（空気および水）によって若干の差があるといわれますが、その主成分は塩基性炭酸銅を中心とした塩基性化合物であるとされています。緑青の毒性については、一九八一年〜一九八四年に厚生省（当時）の研究班が動物実験を行った結果があります。急性毒性と慢性毒性を調べたものですが、緑青は猛毒であるとはいえず、ほとんど無毒ということがわかりました。

column　単体と化合物

水を電気分解すると水素と酸素に分かれます。水が分解してできた水素や酸素は、それ以上別の物質に分解することはできません。このように、物質を化学的に分解していくと、ついにはそれ以上分解することができない物質に行き着きます。それ以上ほかの物質に分解することができない物質を「単体」といいます。

単体は原子の種類（元素）だけあります。原子一種類からできている物質が単体なのです。単体を化学的に分解しようにも分解できないのは、原子が化学的に分解できないからです。

二種類以上の原子が結びついてできている物質を「化合物」といいます。化合物は二種類以上の物質に分解することができます。

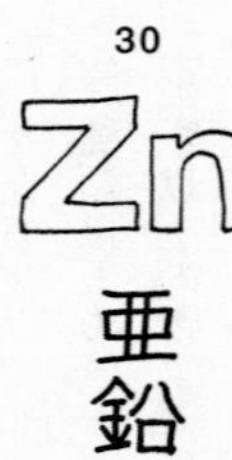

やや青みを帯びた銀白色の金属です。マンガン乾電池やアルカリ乾電池の負極に使われます。鉄の表面をめっきしたトタンの材料に使われるので、トタンの表面に亜鉛の結晶模様を見ることができます。

銅との合金は黄銅（こうどう）または真（しん）ちゅうとよばれ、加工しやすいので五円玉をはじめ金管楽器などに用いられています。ブラスバンドのブラス（brass）は黄銅の英語名です。ブラスバンドは、元々は黄銅でできた楽器、すなわち金管楽器と打楽器のみで構成された楽隊のことでした。

理科では、希塩酸に亜鉛を加えて水素を発生する実験に用います。酸化亜鉛（II）は白色の顔料として用いられるほか、亜鉛華として外用医薬品に用いられています。亜鉛は、ヒトや動物にも植物にとっても必須元素であり、亜鉛が不足すると発育不全、生殖機能や味覚に障害を生じることもあります。

Zinc
原子量 65.38

ドイツ語の「フォークの先（Zinken）」に由来。亜鉛が炉の底に沈むときの形から。

31
Ga
ガリウム

Gallium
原子量 69.72

発見者ボアボードランの出身地フランスの古名のガリア（Gallia ラテン語名）に由来。

メンデレーエフが存在を予言

銀白色の金属です。融点が二九・七六度と非常に低いため、体温でも、あるいは夏の暑い日には融解して液体になります。

ガリウムはコンピュータや携帯電話などに欠かせない半導体の材料に使われています。中でも窒化ガリウムは青色発光ダイオードの材料です。これは、日本人の発明者によって開発されました。青色発光ダイオードの発明によって、LEDの利用範囲が一気に拡大しました。ヒ化ガリウム（俗称：ガリウムヒ素）は赤色・赤外線用の発光ダイオードに広く用いられており、半導体レーザーにも使用されています。

この元素は周期律の発見者であるメンデレーエフ（一八三四〜一九〇七）によって、存在が予言されたことでも有名です。彼は一八七〇年に「周期表のアルミニウムの下に空欄があり、原子量が六八程度、密度が五・九グラム毎立方センチメートルくらいの元素があるはずだ」と予言し、仮にエカアルミニウムと名づけました。

当時はほとんど受け入れられませんでしたが、一八七五年にフランスのボアボードラン（一八三八～一九一二）が閃亜鉛鉱のスペクトル分析でそれまで発見されていなかったガリウムを発見したのです。

次の原子番号32番ゲルマニウムもガリウムと同様、メンデレーエフによって存在が予言された元素です。彼は一八七〇年にケイ素の下の空欄に、原子量が七二程度、密度五・九グラム毎立方センチメートルくらいのエカケイ素があるはずだと予言しました。その後、ドイツのヴィンクラー（一八三八～一九〇四）により、アージロード鉱（銀鉱石）という鉱石中からゲルマニウムが発見されました。このことにより、周期表の評価がにわかに高まったのです。

アメリカでは、ガリウム製のスプーンがマジック用に販売されています。体温程度のお湯に入れると融けて液体になってしまうからです。いったん液体になったものを型に入れてスプーンに再生するキットも販売されています。

私は、ガリウムを入れたポリ袋をシャツの胸ポケットに入れておいたら、袋内で融けていた、という経験があります。

32

Ge ゲルマニウム

Germanium
原子量 72.63

発見者の祖国、ドイツ古名のゲルマニア（Germania）に由来。

ゲルマニウムの健康効果？

銀白色の半金属です。初期のトランジスタ用の材料でした。今は安定性・性能に勝るケイ素（シリコン）によるトランジスタが発明されて主役ではなくなりました。現在でも、一部の半導体材料や光検出器や放射線検出器の材料として利用されています。

ゲルマニウムは、「新陳代謝を活発にする」「貧血に効果がある」などの効能を宣伝文句とした「健康器具」類が数多く発売されています。しかし、ゲルマニウムブレスレットなどにうたわれている健康効果は、科学的に確認されていません。

無機ゲルマニウムでも有機ゲルマニウムでも食べるのは厳禁です。一九七〇年代にゲルマニウムの健康ブームがあり、無機ゲルマニウムを含んだ健康食品を食べて死者が出ています。有機ゲルマニウムにおいても、食べて健康障害が起こったり、死亡した例がありますので注意が必要です。

ゲルマニウム温浴の怪しげな説明

ゲルマニウム温浴は、ゲルマニウムを含む化合物を溶かした四〇～四三度の湯に、十五～三十分程度手足をつけて温浴を行う入浴方法です。

ＷＥＢサイトには、「有機ゲルマニウムは体内で多量の酸素をつくり出します。皮膚呼吸によって体内に取り込まれたゲルマニウムは血液中に溶け込んで、血中の酸素量を増加させます。血液の循環によって酸素が全身に届けられるので、代謝がどんどん高まります」「有機ゲルマニウムは約三二度以上で、マイナスイオンと遠赤外線を放出します。これらも体内に入り込んで、体を温め、代謝を高めます」などという説明がありました。

もし、皮膚を通して血液中に入り込めば、食べた場合と同じようなことになると考えられます。「つくり出す」という多量の酸素は、どこから生じるのでしょうか。本当にふつうの状態より多量の酸素が細胞に行けば、酸素の酸化力で悪いことが起こるでしょう。実際にはそんなことがないので、健康障害が起こらないのでしょう。

「マイナスイオン」は、ニセ科学の要注意ワードです。またほとんどの物質は遠赤外線を出します。しかも遠赤外線は体内に一ミリメートルも入り込みません。温浴そのものの効果はあるでしょう。しかし、ゲルマニウム温浴である必要性があるのでしょうか。

column 「カルシウム」単体を指す場合と化合物を指す場合

元素名をいわれても、それが単体を指す場合と化合物を指す場合があります。たとえば、「小魚にはカルシウムがいっぱい」といわれることを考えてみましょう。骨まで食べられるので骨の成分元素のカルシウムが摂れるということですね。カルシウム（八七頁）にあるように単体のカルシウムは金属で銀白色をしています。しかも単体のカルシウムは水に出合うと水素ガスを発生しながら溶けていきます。どうも骨は単体のカルシウムではなさそうです。実は骨はカルシウムとリンと酸素の化合物です。中心の元素がカルシウムなので、代表で「カルシウム」とよんでいるのです。元素名が出たらそれが単体なのか化合物なのかに要注意です。

33

ヒ素

Arsenic
原子量 74.92

ギリシャ語のアルセニコス（強く毒を有する）など諸説がある。

毒物で有名なヒ素

灰色、黄色、黒色の三種の同素体があります。この中で、灰色ヒ素はもっとも安定で金属光沢があるため、金属ヒ素ともよばれます。

ヒ素とガリウムの化合物のヒ化ガリウムは半導体材料として発光ダイオードや半導体レーザー、人工衛星用の太陽電池などに使われています。

ヒ素は自然界に広く分布しており、多くの鉱山で産出します。古来よりヒ素は強い毒をもつ物質として知られています。中でも亜ヒ酸ともよばれる白い化合物の三酸化二ヒ素（As_2O_3）によって、土呂久（とろく）公害やヒ素ミルク事件のように深刻なヒ素中毒が起こっています。昔から「毒といえばヒ素」というくらい、ヒ素は毒物の代名詞となっており、推理小説や演劇の暗殺シーンなどでもおなじみですし、ヒ素入りカレー事件などでも有名です。

ヒ素を意味する英語のArsenicは、ギリシャ語の「猛毒」が語源であるといいます。ヒ素は検出が容易なので「愚者の毒薬」といわれています。とくに毛髪や爪に残留して検出・定量も容易なので、毛髪一本もあればすぐヒ素中毒だとわかります。

カキなどの食品にも有機ヒ素化合物が含まれますが、それらは無毒あるいは極めて低い毒と考えられています。ヒ素の毒性は有機ヒ素よりも亜ヒ酸（三酸化二ヒ素）のような無機ヒ素のほうが強いのです。

ヒ素による中毒は、亜ヒ酸が使われた和歌山毒物カレー事件のように、一度に大量に取ることによって起こる急性中毒と、長年にわたり摂取することによって起こる慢性中毒があります。

中世以後、自殺・他殺の毒として、しばしば歴史にも物語にも登場してきました。無色・無臭・無味のトファナ水という亜ヒ酸の水溶液は、少しずつ摂取すると色が白くなり美人になるといわれてご婦人方が愛用しましたが、この水溶液は、カトリックの教義上離婚の許されない諸国で旦那を毒殺するのにも活躍したようです。

わが国では亜ヒ酸は「石見銀山ネズミ取り」として古くから使われ、かつては簡単に入手できたことから、殺人にも流用されてきましたが、十九世紀に簡便で鋭敏なヒ素の検出法が開発されて、すぐヒ素中毒とわかるようになりました。とくに現在はヒ素化合物が身近にないので、犯罪に使えばすぐに犯人があがります。

ヒジキのヒ素

二〇〇四年七月、英国食品基準庁（ＦＳＡ）は、ヒジキを食べないように自国民に対して勧告を出しました。その理由は、ＦＳＡの調査で、ヒジキに発がんリスクの指摘されている無機ヒ素が多く含まれているとの結果が得られたためとしています。

これに対して、厚生労働省が「Ｑ＆Ａ」を公表しています。

「Ｑ：ヒジキを食べることで、健康上のリスク（危険性）は高まりますか」への回答を要約すると、次のようです。

・日本人のヒジキの一日あたりの摂取量は推定約〇・九グラム。

・ＷＨＯ（世界保健機関）が一九八八年に定めた無機ヒ素の暫定的耐容摂取量は一週あたり体重一キログラムあたり一五マイクログラム。体重五〇キログラムの人の場合、一日あたり一〇七マイクログラムに相当。

・ＦＳＡが調査した乾燥品を水戻ししたヒジキ中の無機ヒ素濃度は最大で一キログ

ラムあたり二二・七ミリグラムだったが、仮にこのヒジキを摂食するとしても、毎日四・七グラム以上を継続的に摂取しない限り、ＷＨＯの基準を超えることはない。

・海藻中に含まれるヒ素によるヒ素中毒の健康被害が起きたとの報告はない。

・ヒジキは食物繊維を豊富に含み、必須ミネラルも含んでいる。

・以上から、ヒジキを極端に多く摂取するのではなく、バランスのよい食生活を心がければ、健康上のリスクが高まることはないと思われる。

34

Se セレン

Selenium
原子量 78.97

ラテン語で月を表すセレーネから。テルルが地球から名前を取ったので、周期表のすぐ上の元素に月を意味する名前をつけた。

水銀で解毒する⁉

多くの同素体があります。もっとも安定なのは灰黒色の金属セレン（灰色セレン）です。セレンは光を当てると急激に電気が伝わりやすくなります（光伝導性）。光伝導性を利用してコピー機の感光ドラムに利用されています。カメラの露出計や遮光ガラスの着色原料などにも利用されていますが、毒性があるため現在は他の材料に代わりつつあります。

セレンは人体にとって微量なら必須の元素です。しかし、取りすぎると有害で、適量を超えた場合、中毒症状を起こします。海洋中で食物連鎖の頂点にいるマグロには、生物濃縮の結果、水銀が多く含まれています。しかし、マグロ自体に水銀中毒になっている気配はありません。

「マグロの体内に水銀の毒性を軽減するような物質が含まれているのではないか」と

注目されたのがセレンです。セレンは、水銀と反応して、難溶性のセレン化水銀という物質に変わるので、水銀が解毒されるということが試験管レベルの研究からわかっています。いわば「毒をもって毒を制する」の例になるでしょう。

白金を含む抗がん剤シスプラチンの副作用を抑えるのに、かなりの毒性を示す亜セレン酸ナトリウムなどのセレン化合物が有効ということも似た例かもしれません。

column 金属元素と非金属元素

周期表に並んでいる一一八種類の元素は、大きく金属元素と非金属元素に分けることができます。金属元素は、元素の大部分を占めています。

金属元素の単体は、金属光沢をもっています。見たことがない金属元素でもその単体は金や銅以外は銀色とイメージできます。熱や電気をよく伝えて、原子は陽イオンになりやすいという性質があります。

非金属元素では、硫黄のように単体はほとんど電気を伝えず、原子は陰イオンになる傾向があります。炭素はとくに重要であり、現在、一億種類以上もの物質があると考えられていますが、そのほとんどが炭素を中心にした化合物(有機物)なのです。

35

臭素

Bromine
原子量 79.90

ギリシャ語で「くさい」を意味する bromos から。

ハロゲンの仲間の常温で赤褐色の液体物質です。周期表の中で、常温で液体なのは臭素と水銀だけです。刺激臭をもっており猛毒です。臭素は化合物として難燃性の素材となり、列車や飛行機の内装材として利用されています。

また、臭化銀は写真の感光材料としても利用され、これを利用した印画紙はブロマイド・ペーパーとよばれていました。ブロマイドは臭化物（臭素との化合物）のことです。それがアイドルの写真などをブロマイドとよぶ語源となりました。

私が化学を教える高等学校教諭のとき、薬品室のスチール製の薬品戸棚のスチールがぼろぼろになっていたことがあります。

そこには、臭素を入れたガラスびんが一本ありました。中には三分の一ほど赤褐色の液体が入っていました。このびんのふたの隙間から蒸発した臭素の気体が放出されて、スチールの鉄と反応し、スチールをぼろぼろにしたのでした。

36
Kr
クリプトン

Krypton
原子量 83.80

ギリシャ語で「隠れた」を意味するクリプトス（kryptos）から。

貴ガスの仲間の無色・無臭の気体です。空気中に〇・〇〇一パーセント（体積比）含まれ、液体空気の分留で得られます。貴ガスは不活性ガスともいわれますが、アルゴン、キセノン、クリプトンには化合物が存在します。

白熱電球の多くは中にアルゴンガスを入れてあります。クリプトン電球は、アルゴンガスの代わりにクリプトンガスを入れたものです。白熱電球中に封入すると、アルゴンよりも分子量が大きい（分子が大きくて重い）ので、フィラメントのタングステンの昇華を抑える働きが強く、電球の寿命が長くなります。

キセノン電球はアルゴンガスの代わりにキセノンガスを封入した電球ですが、クリプトン電球よりさらに寿命が長くなります。

37

ルビジウム

Rubidium
原子量 85.47

ラテン語で「深紅」(スペクトル線が赤色)を意味するルビディス(rubidus)に由来。

とてもやわらかい銀白色の金属です。アルカリ金属で水と激しく反応します。

原子時計に使われ、セシウム原子時計よりは正確さでは劣るものの、小型で比較的安価であるので、広く利用されています。たとえば時報サービスはルビジウム原子時計を用いています。ルビジウム原子時計の時間誤差は三百年に一秒程度で、ほとんど誤差はありません。

自然界のルビジウムの二八パーセントを占める放射性同位体のルビジウム87はベータ線を放出して、ストロンチウム87に変わります。ルビジウムとストロンチウムの比率を求めて年代測定をすることができます。ストロンチウム87の半減期は約四百八十八億年と極端に長いため、億年単位の長い時間の年代を測定するのに利用されていて、ルビジウム－ストロンチウム年代測定法といいます。地球や太陽が生まれたのが約四十六億年前というのは、ルビジウム－ストロンチウム年代測定法で求めたものです。

38

Sr

ストロンチウム

Strontium
原子量 87.62

発見された土地の名、スコットランドの地名ストロンチアン(Strontian)に由来。

赤色の花火はストロンチウムの化合物

やわらかい銀白色のアルカリ土類金属です。化合物を無色の炎の中に入れて加熱すると美しい赤色の炎色反応を示します。そのため、塩化ストロンチウムは、花火や赤色の発煙筒に使われています。

同じアルカリ土類金属のカルシウムと性質が似ており、骨・貝殻などに蓄積されます。そのため、生物の体内には常に一定量のストロンチウムがあります。

原子炉や核爆発などで人工的につくられる放射性同位体として、ストロンチウム90があります。ストロンチウム90は、体内に取り込まれると、骨の中のカルシウムと置き換わり、ベータ線による内部被ばくが続くため大変危険です。

ストロンチウムの炎色反応は赤色ですが、花火ではピンクから深赤色までの幅があります。これは塩化ストロンチウムや酸化ストロンチウムが色を出すのに大きな効果をはたしているからです。

花火の赤い色を出すのに、よく使われるのはストロンチウムの化合物ですが、他に橙色を出すカルシウムの化合物も使われます。

放射性のストロンチウム89を含んだ塩化ストロンチウムは、骨の成分であるカルシウムと同じように骨に集まりやすく、がんの骨転移した部分に正常の骨より長くとどまり、出す放射線によって痛みをやわらげることに利用されています。がんを治療するのではなく、疼痛（とうつう）の緩和が目的です。

39

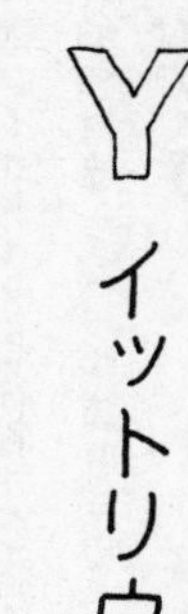

イットリウム

Yttrium
原子量 88.91

発見地であるスウェーデンのイッテルビー（Ytterby）村に由来。

液晶テレビで利用されるレアアース

やわらかい銀白色の金属です。スウェーデンのイッテルビー村から発見された黒い鉱石から幾つもの新元素が報告されましたが、その中の一つがこのイットリウムです。アルミニウムとの酸化物であるＹＡＧ（イットリウム・アルミニウム・ガーネット）の単結晶は、近赤外線レーザー発振用の材料になっており、このレーザーは、金属の切削などに使われています。また、ユウロピウムと一緒に液晶テレビの赤色をつくり出すための蛍光材料に利用されています。

発見地スウェーデンのイッテルビー村から命名

希土類（レアアース）は全部で一七種類あるのですが、そのうちのイットリウムとテルビウム、エルビウム、イッテルビウムの四つの元素は、原石が見つかったスウェーデンの小村イッテルビーから直接着想されて名づけられました。

イッテルビーは、ストックホルムから二〇キロメートルほどにある村です。イッテルビーは、スウェーデン語で「はずれの村」。そこに長石（ちょうせき）鉱山が開かれました。長石は、中学校理科で、花こう岩をつくる鉱物「石英」「長石」「雲母（うんも）」として教科書に出てきます。長石は焼き物の磁器をつくる材料として重要でした。しかも、ここの長石鉱山でとれる鉱石を焼くと珍しい色の顔料や焼き物用の釉薬（うわぐすり）ができました。

一七八七年、化学が大好きだったスウェーデンの陸軍中尉カール・アレニウスが、ここで石炭のように黒い鉱石を採取して持ち帰りました。石を「イッテルバイト」と名づけて、何カ月か調べても成分がわかりませんでした。そこで、数学の道をあきらめて化学の道を選んでいた三十一歳のフィンランド人のガドリン（一七六〇～一八五二）に調べてもらうことにしました。一七九四年、ガドリンはその鉱物から新しい酸化物（イットリアと命名）を発見しました。その酸化物をつくる元素にイットリウムと名づけました。つまり、ガドリンは、新しい元素イットリウムを発見したつもりだったのです。

実はイットリアは単一元素の酸化物ではありませんでした。ガドリンの発見から約五十年経った一八四三年、スウェーデンのモサンデル（一七九七〜一八五八）は、イットリアを三つの成分に分けることに成功しました。

そして、それぞれの酸化物をイットリア、テルビア、エルビアと名づけました。村の名前イッテルビーを三つに分解して名前にしたのです。イットリアから得られた元素には、旧名のイットリウムが与えられ、あとの二つから得られた二つの元素には、それぞれテルビウム、エルビウムの名がつけられました。

一八七八年、スイスのマリニャック（一八一七〜一八九四）は、エルビアから四つ目の新元素を発見しました。この元素には村の名前そのままにイッテルビウムという名が与えられました。

イッテルビウムも単一の元素ではありませんでした。一九〇七年、フランスのユルバン（一八七二〜一九三八）は、イッテルビウムが二つの元素からなることを発見したのです。そのうちの一つの名前は、そのままイッテルビウムに、もう一つは、ユルバンの生地であるパリの古称「ルテチア」から「ルテチウム」と名づけられました。レアアースの元素たちは、離れがたい仲良し元素なので、簡単に分離できなかったのです。

40

Zr
ジルコニウム

Zirconium
原子量 91.22

アラビア語で「金色」を意味するジルコン（zargun）に由来。

ファインセラミックスの代表格

銀白色の金属です。耐食性に富み、高温にも強いことからさまざまな分野で幅広く利用されています。天然の金属の中でもっとも中性子を吸収しにくいので、原子炉の核燃料を包む金属として使われています。原子炉では、中性子を利用して核分裂を行わせて熱を取り出すので、中性子を吸収する物質では困るのです。

酸化物はジルコニアとよばれ、ファインセラミックス（高機能のセラミックス）の材料として使われます。また、ケイ酸塩であるジルコンはダイヤモンドに似た輝きをもち、装飾品として利用されます。

セラミックスとは元々焼き物という意味で、陶磁器、タイル、れんが、ガラスなど、天然の鉱物である石や粘土を成形し、窯（かま）を用いて高温で焼いた製品全般をさします。

しかし、最近では精製した原料を用いて耐熱性や硬度以外の新しい性質を備えたセラミックスがつくられ、広く使われるようになってきています。このため、今日では「非金属の無機材料で製造工程において高温処理を受けたもの」全般を、セラミックスとよぶようになっています。

高い精度や性能が要求される電子工業などに用いられるセラミックスを、ファインセラミックスとよび、区別することもあります。ファインセラミックスで、私たちの生活の中ですぐ目に付くものとして、たとえば包丁や皮むき器の刃が挙げられます。金属のように光らない白色の刃物がそうです。

これらは、ジルコニアを原料とし、セラミックスの硬くて（ダイヤモンドの次に硬い）頑丈で粘りのある性質を利用しています。セラミックスの刃のナイフ類はさびにくく、切れ味も長持ちし、食べ物の匂いが移りにくいといった特徴もあります。

ジルコニウムの弱点

もっとも中性子を吸収しない金属のジルコニウムですが、温度が高くなると（約九〇〇度以上）、水蒸気と反応して水素ガスを発生するという弱点があります。

福島第一原子力発電所では、核燃料の冷却ができなくなり、核燃料の被覆管のジルコニウムが水蒸気と反応してしまい、大量の水素を発生し、水素爆発に至りました。原子炉からもれた水素が建屋に蓄積し、爆発限界の四パーセントを超えたとき、何らかの原因で水素と空気の混合気体に点火され、爆発したのです。

ダイヤモンドに近い屈折率！

ダイヤモンドに近い屈折率をもっているのでダイヤモンドの代わりに宝石として使われるものにジルコンとキュービックジルコニアがあります。

ジルコンはジルコニウムのケイ酸塩鉱物です。世界中で産出しますが、宝石となる良質な結晶は、インドやスリランカなど、限られた地域で採取されています。赤、橙、黄、緑、青など種々の色のものがあります。加熱処理をして、色を変えたり、より美しくしたりしています。方解石(ほうかいせき)などでも見られる、光が入射するときに二つに分かれて屈折する現象（複屈折）が見られます。モース硬度で七・五程度とあまり硬くありません。モース硬度とは、鉱物の硬さを表す尺度の一つです。硬さの尺度として一から一〇までの値を与えたものです。モース硬度一の標準物質は、もっとも軟らかい滑石で、ろう石として地面に絵などを描いて遊んだことがあるかもしれません。一〇はもちろんダイヤモンドです。

キュービックジルコニアは、酸化ジルコニウムの結晶で、ジルコニウムと酸素から合成します。ジルコンにはある複屈折がありません。モース硬度も八・〇〜八・五と、ルビーやサファイヤの次に硬く、ダイヤモンドと同じ光り方をします。値段はダイヤモンドの数百分の一です。

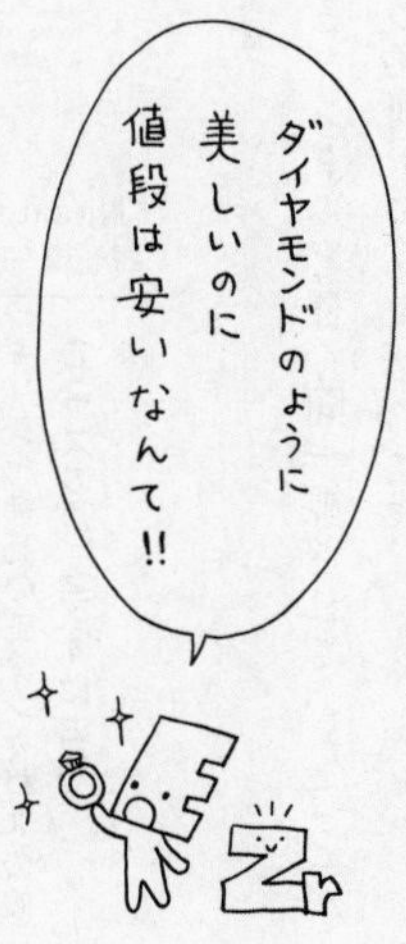

41

Nb

ニオブ

Niobium
原子量 92.91

ギリシャ神話の王タンタロスの娘（ゼウスの孫）Niobe に由来。


やわらかく加工しやすい銀白色の金属です。

元素名は、ともに産出し性質も似ているタンタルと長く同一視されていたことから、タンタルの語源である Tantalos の娘の名前があてられました。

金属単体としてはもっとも高い温度（約マイナス二六四度）で超伝導状態（電気抵抗がゼロになり、抵抗によって電流を失うことなしに運べる状態）になります。

チタンとの合金は超伝導磁石コイルとして実用化され、ガンや脳出血などを診断するＭＲＩ（磁気共鳴画像法）に使われています。また、鉄鋼など他の金属に加えて耐熱性や強度を増すための添加剤としても広く利用されています。

42

Mo
モリブデン

Molybdenum
原子量 95.95

ギリシャ語の「鉛（molybdos）」に由来。

硬い銀白色の金属です。融点が約二六二〇度と非常に高く、高温でも強度を保ちやすいです。鉄鋼にごくわずかのクロム、モリブデンなどを添加したクロムモリブデン鋼（クロモリ鋼）、引っぱり強度がクロムモリブデン鋼に並び自転車のフレームに使われるマンガンモリブデン鋼、ニッケルやクロムと一緒にステンレス鋼など、各種合金鋼に添加して利用されています。

ヒトを含めあらゆる生物にとっての必須元素であり、人体には体重一キログラムあたり約〇・一ミリグラム含まれています。

43

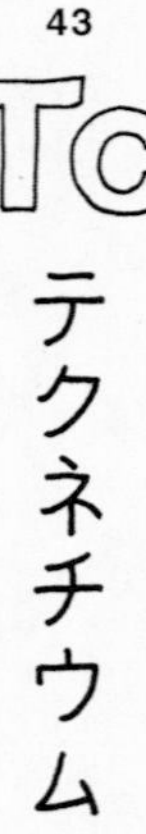

Technetium
原子量(99)

ギリシャ語の「人工(tekhnetos)」に由来。

がん診断に役立つ

銀白色の金属です。実質的には天然に存在しません。一九三七年、物理学者セグレ（一九〇五〜一九八九）らによって加速器を使ってモリブデンに重水素の原子核を衝突させてつくられた、史上初の人工元素です。

質量数（＝原子核の陽子数＋中性子数）が九九のテクネチウムには、エネルギー状態が高いもの（励起状態）と、エネルギー状態が低いもの（基底状態）があります。お互いに核異性体（原子番号、質量数が同じなのに、エネルギー状態や半減期が異なる原子核同士）の関係にあります。

エネルギー状態が高い状態が長く続く場合、metastable（メタステーブル、準安定状態の）という意味から〝m〟という文字を質量数のあとに付けて表します。テクネチウム99mは原子核が長い間励起状態を保っていて、半減期が六時間と短く、放出するガンマ線のエネルギーもそれほど大きくなく、人体に入っても比較的安全です。そこで、テクネチウム99mを含む化合物を投与すると、放出されるガンマ線を元に人体内部を画像化して、骨、心臓、脳などの疾患、がんの診断ができます。

たとえばがん細胞はテクネチウム99mを含む化合物を大量に取り込むので、がんの位置や大きさを診断することができます。テクネチウム99mを含む化合物は少量しか投与せず、半減期も約六時間なので、投与そのものが健康にはほとんど影響しません。

ただし、テクネチウム99mを含む化合物は国産化されていないので、全量を輸入に頼っています。国産化するためにはそのための原子炉が必要です。

44

Ru

ルテニウム

Ruthenium
原子量 101.1

発見者の出身地であるロシアのラテン語名 Ruthenia に由来。

光沢のある銀白色の金属です。硬くてもろいが、耐食性が高く、金を溶かす王水（二〇三頁）にも溶けにくいです。

白金属元素（ルテニウム、ロジウム、パラジウム、オスミウム、イリジウム、白金）の中でもっとも存在量が少なく、他の白金属元素に伴って産出します。他の白金属元素との合金として、装飾品・万年筆のペン先、あるいは電子機器の電気接点材料に利用されます。

現在、ハードディスクは、記録磁気信号を垂直に並べて、記録密度を上げる工夫をしていますが、記録層の下地にルテニウムが不可欠な存在になっています。

45

Rh

ロジウム

Rhodium
原子量 102.9

ギリシャ語の「バラ色（rhodeos）」に由来。化合物の水溶液がバラ色になることから命名された。

展性・延性に富む銀白色の金属です。腐食に強く美しい光沢をもつので、カメラなどの光学系機器や装飾品のめっきとして利用されています。パラジウムと同じように気体を吸収する性質をもちます。

ロジウム、パラジウム、白金は自動車の排気ガス中の窒素酸化物を窒素と酸素に分解する触媒として使われています。

また、医薬品や農薬、香料などを製造するときに化学反応を促進する触媒として働きます。

46

Pd パラジウム

Palladium
原子量 106.4

一八〇二年に発見された小惑星Pallas から。Pallas の由来はギリシャ都市アテネの守護女神パラス・アテネ。

気体をよく吸収する銀白色の金属です。とくに水素は、自身の体積の九〇〇倍以上も吸収することができます。比較的やわらかいが、気体を吸い込むと体積が増してももろくなります。

いわゆる「銀歯」は、金・銀とパラジウムの合金です（二〇パーセント以上を含む）。結婚指輪などで人気の白金（プラチナ）やホワイトゴールド（金とニッケルやパラジウムの合金）の色づけにも使われるなど、わりと身近な金属元素です。自動車の排ガス浄化用など、さまざまな反応の触媒に利用されています。

47

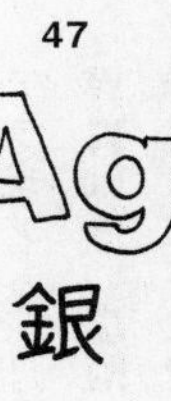

銀

Silver
原子量 107.9

英語名の由来はアングロサクソン語の「銀（sioltur）」、元素記号の由来はラテン語の「明るい・輝く（argentum）」に由来。

仁丹やアラザンの銀色の正体

銀色のきれいな光沢をもつ金属。金属の中でもっともよく電気と熱を伝える性質をもっています。金に次ぐ展性・延性を示し、一グラムの銀は一八〇〇メートル以上の線に伸ばすことができます。さびにくい反面、空気中の硫黄酸化物と反応して表面に黒ずみを生じます。

装飾品・食器・鏡などの日用品からコンピュータ・携帯電話などのような最先端の電子機器まで、幅広く利用されています。

臭素やヨウ素などハロゲンと出合うと結びついて、光を当てると変色することから、写真の感光剤として印画紙やフィルム、エックス線写真などに使われています。

銀は、ほんの微量は水に溶けて銀イオンが生じます。銀イオンはバクテリアなどに対して強い殺菌力を示すため、広く抗菌剤として使用されています。昔から牛乳の中に銀貨を入れておいたり、銀食器に料理を盛ると腐敗しにくくなることが知られていました。生活の知恵として銀イオンの殺菌作用を利用していたのです。

ケーキをながめていると、装飾としてケーキの上に銀色に光った小粒の玉が並んでいることがあります。玉の大きさはいろいろで、チョコレートの装飾にも使われています。これは「アラザン」といいます。中身は粉砂糖で、ケーキやチョコレートと一緒に食べてしまうものです。

また、「仁丹」（商品名）という丸薬も表面は銀色です。仁丹は、一九〇五年（明治三十八年）に、総合保健薬として発売され、現在も口中清涼品として販売されています。生薬を銀色のもので包んであります。

アラザンや仁丹の表面の銀色部分は、ピカピカと輝いていかにも金属光沢です。共に、表面はよく電気を通します。表示を見ると、「銀（着色料）」とあります。金属の銀なのです。

アラザンも仁丹も、表面の銀色は数万分の一ミリメートルという薄い銀箔です。胃には薄い塩酸の胃液がありますが、銀なら塩酸に溶けません。ほとんどはそのまま排出されてしまいます。

昔の鏡と現在の鏡

昔の鏡（青銅鏡）は金属光沢を利用していました。全体が金属ですから持つと重かったことでしょう。青銅鏡は、使っていると表面がくもってきます。そこで、江戸時代には鏡磨きの職人さんがいて、梅干しをつくるときに出る梅酢でさびを落とし、次いで少量の水銀を薄く引いてぴかぴかにしたということです。

現在のガラスの鏡は、表はガラスで裏に銀めっきをしてあります。さらに、薄い銀めっきを保護材で覆っているため、長い間、金属光沢を失わないのです。

硫化水素で銀がくすむ

銀は、硫黄とは比較的反応しやすく、硫黄と一緒に加熱したり硫化水素にふれたりすると、黒色の硫化銀ができます。硫化水素は、どぶ川の川底などから発生するので空気中にわずかに存在します。

また硫化水素のにおいがする温泉があります。銀のアクセサリーを身に着けたまま、硫黄泉の温泉に入ると、たちどころに黒紫色に変色します。アクセサリーや銀食器などを輪ゴムで束ねた際にもゴムに含まれる硫黄で変質することがあります。

以前、私が硫化水素のにおいがする温泉に入浴したときに、容器に仁丹を何個か入れて置いておいたら表面が黒くなりました。表面の銀が硫化銀になって黒ずんだのです。

銀のくすみをとる方法があります。アルミ箔を敷いた容器に重曹（炭酸水素ナトリウム）と沸騰直前の湯を入れて、銀製品を浸けておきます。熱湯中で重曹は二酸化炭素を出して炭酸ナトリウムになります。ここで、炭酸ナトリウム水溶液の中の銀とアルミニウムで、ある種の電池がつくられるのです。電池の反応により、アルミニウムがイオンになるときに残した電子が硫化銀に移動し、硫化銀は硫黄を手放してもとの銀に戻ります。

48

Cd

カドミウム

Cadmium
原子量 112.4

ギリシャ語の cadmeia（土）から。その語源はギリシャ神話のフェニキアの伝説上の王子カドモス Cadmus に由来。

銀白色のやわらかい金属です。一般に亜鉛にともなって産出します。周期表上もカドミウムは亜鉛の真下に位置し、亜鉛と化学的性質が似ています。めっきに使われますが、カドミウムめっきは亜鉛めっきよりもさび止め効果が大きいです。充電放電が可能なニッカド（ニッケル－カドミウム）電池の電極に使用されています。硫化カドミウムはカドミウムイエローという名称で顔料として用いられています。絵の具の黄色はカドミウムイエローです。

カドミウムは人体にとって有害です。わが国の四大公害病の一つ「イタイイタイ病」は、富山県の神通（じんつう）川上流の亜鉛精錬所から鉱排水に含まれて排出されたカドミウムが原因でした。病名は、わずかの体の動きでも全身が非常に痛むので、患者は日夜〝痛い痛い〟と訴えることから名づけられました。最近ではカドミウムの毒性が懸念されるようになり、その利用が限定されています。

49 In インジウム

Indium
原子量 114.8

ラテン語の「藍色（Indicum）」に由来。炎色反応によって藍色を示すことから元素名がつけられた。

ナイフで切れるほどやわらかく、比較的融点の低い銀白色の金属です。レアメタルの一つです。インジウムとスズと酸素の化合物である酸化インジウムスズ（ITO）は、電気を通す性質と薄膜にすると透明になる性質をあわせもつため、液晶ディスプレイの電極に用いられています。

インジウムは亜鉛を精錬するときに副産物として得られます。わが国では、札幌近郊の豊羽（とよは）鉱山に世界最大のインジウム鉱床がありましたが、二〇〇六年二月に採掘・操業が停止されたため、世界第一位の産出量であったインジウムの供給源を失いました。現在は液晶ディスプレイからのリサイクルや輸入でしのいでいます。

インジウムは、産出地域が中国などに限定され、資源の枯渇などが懸念されています。また、酸化インジウムスズ膜はもろく、曲げに弱いため、透明性と導電性をもったフレキシブルな代替物質の探究が世界中で進められています。

50

Sn

スズ

Tin

原子量 118.7

ラテン語の「スズ（Stannum）」から。

スズペスト現象とは？

比較的やわらかく、融点も低い銀白色あるいは灰色の金属です。同位体が多く、安定同位体一〇個を含め、約四〇種類が知られています。また、色の異なる複数の同素体をもっています。

スズペストという現象があります。常温で安定な白色スズ（銀白色）は、結晶性ですが、一三度以下の低温にさらされると無定形（結晶をつくらないこと）の灰色スズに変化します。灰色スズはもろいため、低温にさらされたスズ製品はぼろぼろになります。これはスズペスト現象とよばれます。

めっきや合金として幅広く利用され、鋼にめっき、つまりスズのめっきをしたものは「ブリキ」、銅との合金は「青銅」、鉛との合金は「はんだ」とよばれます。

スズの合金は独特な色合いや音響の良さが好まれ、パイプオルガンや釣り鐘などの材料として使われます。

スズペストが歴史に及ぼした影響

スズペストは、かなりよく知られた現象でした。ロシアのサンクトペテルブルクなど冬の寒さが厳しい都市では、オルガニストが教会の新しいパイプオルガンのスズパイプで、最初の和音を鳴らした瞬間に崩れ去ったという伝説が伝えられています。

一八一二年の冬にロシアを攻撃したナポレオン軍が敗れたのは、極寒の地で兵士の服のボタンがスズ製でぼろぼろになったせいだという話があります。ありそうな話ではありますが、多くの歴史家は異論を唱えています。そもそも、本当にボタンがスズでできていたかどうかも疑問があります。敗退せざるを得なかった作戦ミスをスズペスト現象のせいにした可能性がありそうです。

一九一一年十一月、探検家のスコット率いるイギリス人一行は、南極点に一番乗りをしようとしていました。翌年一月に南極点に立ったものの、ノルウェーのアムンセンが一カ月も前に到達していたことを知り、失意のうちに帰途につきました。

途中に残しておいた食糧や燃料を入れた缶は、液もれをしたため、スコットらは三月下旬に凍死したとされています。

彼らが持参していたスズではんだ付けされた缶が、スズペストを起こしたのではないかという推測があります。缶を開けてみたら中身が空であったことは、残されたスコットの日記の記載から疑いの余地はありません。本当にスズペストでそうなったのかどうかはわかりません。スズペストが起こるにはスズの純度がきわめて高くなければなりませんが、缶が空であった事実からするとあり得る話ではあります。

ブリキとブリキめっき

スズと鉄ではイオン化傾向（陽イオンへのなりやすさ）が鉄のほうが大きいです。鉄より腐食しにくいスズを鉄の表面にめっきしたものが、ブリキです。ブリキは反応しにくいスズが表面を覆っているので、傷がつかないかぎりなかなか腐食しません。

缶詰や茶筒の缶などの内面はブリキめっき、つまりスズのめっきをしてあります。缶の内面は外に露出しておらず傷がつきにくいので、ブリキめっきに適しているのです。

いったん表面に傷がつくと、スズより内部の鉄のほうが反応しやすいため、鉄がどんどんイオン化して溶け出し、腐食は進む一方です。しかし、溶け出す鉄イオンは無害であり、心配いりません。

ミカンなど果実の缶詰は内面がブリキです。開封して外気に触れるとスズが溶け出るので、果実の缶詰を開けたら別の容器に移し替えましょう。

column 原子番号と陽子数と電子数

原子の中心には陽子と中性子からなる原子核があります。原子核のまわりには陽子と同じ数の電子があります。電子はとても軽いので原子一個の質量はほとんど原子核（＝陽子＋中性子）の質量と同じです。

周期表の一マスに入っている元素は、原子核を構成する陽子の数と原子核のまわりの電子の数が決まっています。元素に番号が付いていますが、それを原子番号といい、「原子番号＝陽子数＝電子数」になります。原子番号がわかると、その元素の原子は原子番号と同じ数の陽子と電子をもっていることがわかります。

51
Sb
アンチモン

Antimony
原子量 121.8

古くからアイシャドウとして利用されたことからラテン語の「眉墨(Stibium)」に由来。

ホウ素やヒ素などとともに半金属とよばれ、半導体に近い性質を示します。金属光沢のある銀白色の金属アンチモンのほか、黒色アンチモン・黄色アンチモンなどの同素体が存在します。

本当かどうかわからない話ですが、かのクレオパトラが、アンチモンの鉱物である輝安鉱(きあんこう)（成分は硫化アンチモン）の粉末をアイシャドウに使っていたという話があります。毒性によって、ハエが顔に止まらないように、そして卵を産まないようにという目的です。絶世の美貌で有名なクレオパトラが愛用したことから、美容用途でアイシャドウが流行(はや)ったというのです。ヒ素や水銀ほどではありませんが毒性が強いため、現在はアイシャドウには使われていません。

また、合金の添加物として利用されています。そのほか、三酸化アンチモンは難燃剤（防炎剤）として実験用白衣やカーテンなどの繊維に含まれています。

52

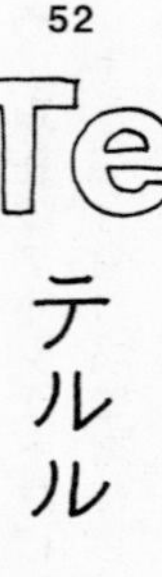

テルル

Tellurium
原子量 127.6

ラテン語で「地球」を意味するtellusが語源である。

DVDで使用される元素

銀白色の金属です。陶磁器、エナメル、ガラスの赤や黄色の色づけに用いられます。

単体や化合物は毒性をもち、体内に取り込まれると代謝され、テルル呼気とよばれニンニク臭を帯びます。

DVD－RAMやDVD±RWの記録層にテルルの合金が用いられています。書き換え可能なDVDは、誘電体層、記録層、反射層といった薄膜を重ねた多重構造となっています。

しくみとしては、結晶とアモルファスの間の変化を利用しています。結晶は、原子やイオンが規則的に並んでいる状態です。アモルファスは、無秩序な状態です。アモルファスは、気体や液体から固体になるときに急激に凍結することで生じます。ガラスは、アモルファスの代表的な物質です。

集光したレーザー光で記録層を加熱すると、加熱前は結晶状態にあった合金は、原子配列が大きく乱れる液体状態を瞬間的に経由して、そこから超急冷されることになり、局所的にアモルファス状態になります。

この記録を再生するには、アモルファス状態から結晶化しない程度の弱いレーザー光をあてて、結晶とアモルファスの反射光の強度の変化を検出する必要があります。記録の消去にはレーザー光をあててアモルファスを結晶にしています。

DVD±RWで使われているのは銀・インジウム・アンチモン・テルル合金で、DVD-RAMで使われているのはゲルマニウム・アンチモン・テルル合金です。

53

ヨウ素

Iodine
原子量 126.9

ギリシャ語の「紫色をしたもの」という ioeides が語源。

日本の貴重な輸出資源

ハロゲンの仲間で、光沢のある紫黒色の結晶性非金属固体で昇華性（固体から直接気体になる性質）があります。

うがい薬や消毒薬、防腐剤に使われています。デンプンに加えると紫色になるヨウ素液は、ヨウ素をヨウ化カリウム水溶液に溶かしたものです。

甲状腺ホルモンを合成するのに必要なため、ヒトにとっては必須の元素です。海水中に含まれるヨウ素を、海藻は濃縮して蓄積します。日本のように海藻を手軽に摂取できる国は問題ありませんが、海から遠く離れた国ではヨウ素欠乏症が起こります。

原子炉事故が起こると大量に放出される放射性のヨウ素131が体内に吸収されて甲状腺に蓄積され、甲状腺がんになる危険があります。チョルノービリ原発事故では住民に甲状腺がんが多発しました。原因は、主にヨウ素131で汚染された牛乳の飲用に由来する内部被ばくにありました。

千葉県九十九里浜海岸一帯の地下水層に天然ガスと同時に大量のヨウ素が含まれています。

資源が乏しい日本では珍しく、ヨウ素生産量は世界第二位で貴重な輸出資源になっています。実は、かつては一位でしたがチリに抜かれたのです。

下水道汚泥の放射性ヨウ素

下水道汚泥で放射性のヨウ素131が検出されて、ニュース記事になることがあります。それを読んでの意見、「未だに福島第一原発が活発に放射性物質を放出して拡散中だから」や「浜岡原発（静岡県）から放出されている」などを見かけます。それならば、下水処理場ではない場所でも放射性ヨウ素がばんばん検出されるはずです。

また、放射性ヨウ素だけではなく放射性セシウムも下水処理場で検出されるはずです。ヨウ素131の半減期が約八日なので、数カ月もするとヨウ素131はなくなってしまいます。

それでは、どうしてその後もヨウ素131が検出されるのでしょうか。

ヨウ素131を含んだ薬剤が甲状腺中毒症（甲状腺機能亢進症）と一部の甲状腺がんの治療に使われています。また甲状腺の大きさを測定するなどの診断用の核医学検査にも使われています。

患者がそのような薬剤を飲んでトイレへ行くと、便や尿となってヨウ素131が出るわけです。それが下水道に入り込み、下水道処理場の汚泥になっていくのでしょう。

column 質量数＝陽子数＋中性子数

周期表の一マスの元素に、原子核の陽子数は同じですが、中性子の数が違うものがあり、同位体あるいは同位元素（アイソトープ）とよびます。

たとえば、天然に存在するウラン（U）には、同位体が三種類あります。陽子数はどれも九二ですが、中性子数は一四二のもの、一四三のもの、一四六のものがあります。これらは、「核種」が違うといいます。

区別するために、陽子数と中性子数を足した質量数を^{234}U、^{235}U、^{238}Uのように元素記号の左肩につけて記号化し、それぞれウラン234、ウラン235、ウラン238とよびます。

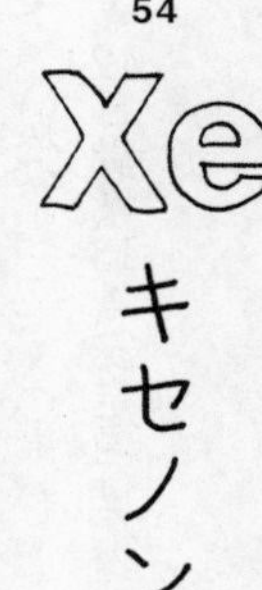

Xenon
原子量 131.3

ギリシャ語の「見知らぬもの」という xenos が由来。

キセノンランプは長寿命！

無色、無臭の重い貴ガスです。ガラス管に入れて電圧をかけて放電させると強力な白色光を放つ性質があります。キセノンランプは、フィラメントを用いないため耐久性が格段に増します。車のヘッドライトはキセノンランプでしたが、現在は長寿命で消費電力の少ないLEDライトが主流になっています。

キセノンランプは貴ガス元素であるキセノンを封入した放電管の一種です。両端の電極（陰極と陽極）に高電圧を加えると、陰極から電子が飛び出して、陽極に向かって勢いよく加速されていきます。その途中で電子がキセノン原子に衝突すると、キセノン原子は高いエネルギー状態に励起され、元のエネルギー状態に戻るときに光を放出します。

赤色に発光するネオン管とちがって、キセノンでは太陽光（白色）に近い光（連続スペクトル）が得られるのが特徴です。また、白熱電球のようにフィラメントを使いませんから、フィラメント方式より消費電力が低く、また、理論上「球切れ」がない長寿命のランプになります。このため、人工太陽灯、映写機の光源のほか、カメラのストロボにも利用されています。

column 安定同位体と放射性同位体

同位体（陽子数が同じで中性子数が違う原子）には、放射能をもっていない安定同位体と、放射能をもっている放射性同位体（ラジオアイソトープ）があります。放射能とは「アルファ線、ベータ線、ガンマ線などの放射線を出す能力」です。放射性同位体は放射線を出しながら別の原子核に変わっていきます。

たとえば、炭素には、自然界に三種類の同位体、炭素12（存在比九八・九三パーセント）、炭素13（一・〇七パーセント）、炭素14（微量）が存在しています。このうち、炭素12と炭素13は安定同位体で、炭素14は放射性同位体です。

Part Ⅲ

原子番号55～86

Cs Ba La Ce Pr Nd Pm Sm Eu Gd Tb Dy Ho Er Tm Yb Lu Hf Ta W Re Os Ir Pt Au Hg Tl Pb Bi Po At Rn

セシウム

Caesium
原子量 132.9

ラテン語の「天空の青」であるcaesiusが由来。

原子時計に使われる

極めてやわらかく延性に富んだ銀白色のアルカリ金属です。融点が二八度（水銀の次に低い）なので、容易に液体にすることができる金属の一つです。低温でも水と激しく爆発的に反応したり自然発火しやすいので危険物に指定されており、陽イオンになりやすい（陽性が強い）元素です。

アルカリ金属でもっとも原子番号が大きいのは87番目のフランシウムですが、天然にごく微量しかなく、また放射性崩壊が速すぎて性質がよくわかりません。性質がわかっている元素ではもっとも陽性が強いのです。

セシウムは、福島第一原発の事故に関連したニュースでよく見聞きしたことでしょう。原発事故や原子力施設の放射能もれがあると、真っ先に見つかる放射性元素です。

とくにセシウム134およびセシウム137という放射性核種です。それぞれ三十年および二年という半減期です。同じアルカリ金属のナトリウムやカリウムといった人体にとって大切な元素と化学的な性質が似ているので、人体に取り込まれやすい核種です。

天然にあるのはセシウム133で、これは非放射性の安定同位体です。セシウム133は、現在の時間の基準となるセシウム原子時計に利用されています。

「一秒」は、昔は地球が太陽を回る公転周期をもとに決められていましたが、一九六七年以降、セシウムの性質を用いた基準になりました。一九六七年の第一三回国際度量衡総会において、一秒の長さは「外部から疎外されない基底状態におけるセシウム133の超微細準位の移行によって発生もしくは吸収されるマイクロ波光線の九一億九二六三万一七七〇サイクルの時間」と定義されたのです。

原子は、ある固有の振動数の光や電波を吸収し、エネルギー状態が高くなり、またもとのエネルギー状態に戻るときに放射する性質をもっています。セシウム原子の場合には、マイクロ波とよばれる電波を吸収し、放出します。セシウム原子時計では、この電波の振動を九一億九二六三万一七七〇回数えたときを一秒と定義したのです。最新のセシウム原子時計で一〇の一五乗分の一という精度をもち、これは恐竜の絶滅した六千五百万年前以降の期間でおよそ二秒のずれしか生じないという高精度です。

セシウム原子時計は、全地球測位システム（GPS）などにも利用されています。

column 周期表は化学の基本となる「地図」

元素が周期表のどの位置にあるかによって、元素の化学的な性質がある程度わかるため、周期表は化学の基本となる「地図」といえます。

周期表の縦の列を族といいます。1～18族まであります。族にはアルカリ金属（水素を除く1族）、アルカリ土類金属（ベリリウム、マグネシウムを除く2族）、ハロゲン（17族）、貴ガス（18族）などといった名称でよぶものもあります。

また、周期表の横の列を周期といい、上から順に第1周期、第2周期、……とよびます。

56

Ba
バリウム

Barium
原子量 137.3

ギリシャ語の「重い」であるbarys
が由来。

バリウムイオンは有毒。それでは「バリウム」は？

銀白色の金属で、アルカリ土類金属の仲間です。

2族のカルシウム以下のアルカリ土類金属の中では、放射性のラジウムを除けば、密度がもっとも大きいです。化合物の多くも密度が大きいです。

バリウムの炎色反応が緑色なので、硝酸バリウムは花火の材料に利用されています。

レントゲン検査で使うエックス線を通しにくい性質があります。

銀白色の金属であるバリウムの単体を口に入れる人はいないでしょう。

もし口に入れると、だ液の水分と反応して、水素ガスを出しながら溶けるでしょう。

そのときの反応は、

バリウム ＋水→水酸化バリウム＋水素

です。

水酸化バリウム水溶液は、強アルカリで、口の中の粘膜や食道の壁に損傷を与えながら胃に入ります。胃液は薄い塩酸なので、アルカリの水酸化バリウムと酸の塩酸が出合うと、中和反応が起こって塩化バリウムと水ができます。この反応は発熱反応なのでお腹の中から温まります。

ではその後はどうなるでしょうか。

塩化バリウムは、水中で塩化物イオンとバリウムイオンにばらばらになっています。

溶けてイオンの状態になっているので消化管から体内に吸収されます。まず消化管の筋肉を収縮させます。体内に吸収されたバリウムイオンは、神経系に影響を及ぼします。不整脈や震え、筋力低下、不安、呼吸困難、麻痺などが起こります。ですから、単体の（つまり銀白色をした金属の）バリウムを口に入れてはなりません。

それなのに、胃のレントゲン検査で飲む「バリウム」とよばれる白い液体に毒性はないのでしょうか。

この「バリウム」の正体は硫酸バリウムです。バリウムはエックス線を通しにくいので、その化合物である硫酸バリウムもエックス線を通しにくいです。そして、水に非常に溶けにくいのです。バリウムはイオンになって細胞や組織に吸収されて毒性を示すので、水にも塩酸にも溶けない硫酸バリウムは安全性が高いのです。「バリウム」とよぶ白い液体は、硫酸バリウムが溶けたものでなく、水中ににごった状態で散らばらせてあります。体内に吸収されないので、最終的に大腸で水を抜かれて直腸にたまります。

核分裂の発見

十九世紀末から二十世紀初めにかけて、ラジウムなどの放射性元素、電子や、原子から飛び出してくるふしぎな放射線が次々に発見されました。

原子から何やら小さな「粒子」が飛び出すことにより、原子は物の最小単位で壊れない粒子だという考えが大きくゆらぎ始めます。

一九三八年末、ドイツのハーン（一八七九〜一九六八）は、中性子をウランにぶつけてできる物質の中にバリウムとよく似た物質があるのを見つけました。しかし、当時は、それはウランが中性子を吸収してできた、ウランより原子番号が大きい元素（超ウラン元素）か、ウランの近くの元素のはずだと考えられました。

ハーンは、初めはラジウムだと考えようとしましたが、化学者としてバリウムと考えざるを得ないとしました。その結果は公表前に、ユダヤ人だったためにスウェーデンで生活していた元の共同研究者のマイトナー（一八七八～一九六八）に知らされました。彼女は、おいのフリッシュと共に、この結果をどう解釈すべきかを論じ、これを核分裂現象として理論的に説明しました。

核分裂の発見では、ハーンだけが一九四四年のノーベル化学賞に輝き、マイトナーは外されました。核分裂に理論的な裏付けを与えるという大きな功績をあげながら、ノーベル賞から外され、ユダヤ人であることからベルリン大学教授を辞めざるを得なくなり、ナチスの迫害を恐れて亡命せざるを得なかった悲運なマイトナー。しかし、没後、その功績は、109番元素「マイトネリウム」（二五四頁）という彼女の名を取った元素名に刻み込まれたといえるでしょう。

57

La ランタン

Lanthanum
原子量 138.9

ギリシャ語「隠れたるもの」の lanthanein が由来。

「レアメタル」は経産省による独自用語

ランタンは銀白色の金属です。周期表をながめると、原子番号57番目の欄には「ランタノイド」と書かれて、そこから矢印で原子番号57番目のランタン（La）から原子番号71番目のルテチウム（Lu）までの一五の元素が並んでいます。このグループはいずれも同じような化学的な性質をもっています。そのため性質のわずかな差を利用して分離しています。ランタンは、そのランタノイド元素のリーダー格です。

これら一五の元素は、周期表で見ると、周期表の本体から追い出されて、下のほうに並べられていて、何か特別なグループのように見えますがそうではありません。本体に入れると周期表の横幅が広くなりすぎて見づらくなるから、「見た目」をよくするために追い出したということです。

ランタノイドの元素は、ランタン同様、いずれも銀白色の金属です。いずれも性質が似ています。水と反応して水素を発生します。炭素、窒素、ケイ素、リンなどと高温で反応します。イオンになると、三価の陽イオンになります。

ランタノイドは、ハイテク製品の材料として重宝されるものが多く、スカンジウムとイットリウムを加えた元素群はレアアース（希土類）とよばれます。全部で一七元素あります。希土類の「土」は、金属の酸化物の意味です。「レア」は「少ない」という意味ですが、地殻の中の存在量を考えると、少ないとはいえません。ユウロピウムやネオジム、イッテルビウム、ホルミウム、ランタンは、私たちのまわりでよく見かける銅や亜鉛と同じような存在量です。しかし、レアアースの元素は、鉱石からの分離がしにくく、加工も難しいものが多く、需要に対して品薄になりやすいのです。そのために「レア」という言葉を用いていると理解しましょう。

「レアアース」と似た言葉に「レアメタル」があります。

経済産業省の定義によれば、レアメタルは「地球上の存在量が稀（まれ）であるか、技術的・経済的な理由で抽出困難な金属のうち、現在工業用需要があり、今後も需要があるものと、今後の技術革新に伴い新たな工業用需要が予測されるもの」とされています。このレアメタルという用語は、国際的に通用しない、わが国独自のものです。

該当する元素は四七種類に上ります。中でもとくにスカンジウム、イットリウム、ランタノイドをまとめた「レアアース」が重要です。

金属は微量の不純物を混ぜることで性質が大きく変化することがあります。レアメタルは金属の性質を微調整するのに使われます。レアメタルをハイテク素材に少量添加するだけで性能が飛躍的に向上するため、「産業のビタミン」ともよばれています。

主な用途としてはテレビ、携帯電話をはじめとした電子機器があります。

充電池の材料として健在

乾電池の代替、ノートパソコンなどの携帯電子機器やハイブリッド車の電源などにニッケル水素充電池（Ni-MH）が使われていました。しかしノートパソコンなどの携帯電子機器の電源はリチウムイオン充電池に取って代わられました。

今では、リチウムイオン充電池の安全性が向上し、価格が安くなったので、ハイブリッド車の電源の主流は、リチウムイオン充電池に置き換わっていますが、改善したニッケル水素充電池もまだ使われています。

リサイクルマークなどで「Ni－MH」という記号が使われ、ニッケル水素充電池を指しますが、Niはニッケル、MHは金属（メタル）に水素（H_2）を吸蔵させたものを材料にしていることを表します。正極がオキシ水酸化ニッケル、負極がランタンとニッケルなどからなる水素吸蔵合金、電解質が約四〇パーセント水酸化カリウム水溶液です。

column 元素の周期表と単体の状態

非金属元素の単体の多くは、分子からなり、固体では分子からなる結晶をつくります。常温（二五度付近）では、水素、窒素、酸素、フッ素、塩素などは気体、臭素は液体、ヨウ素、リン、硫黄などは固体として存在します。貴ガス元素の単体は、常温では気体で単原子分子として存在します。炭素やケイ素の単体は、巨大分子からなる結晶であり、高い融点をもちます。

金属元素の単体は、水銀だけが常温で液体で、その他の金属の単体は常温で固体です。

58

Ce

セリウム

Cerium
原子量 140.1

小惑星セレス（Ceres ローマ神話の穀物の女神）が由来。

銀白色の金属です。酸化セリウムは、ガラスに添加すると紫外線を強く吸収するため、サングラスや自動車の窓のガラスに混ぜられています。ディーゼル車のエンジンに触媒として使うと、ディーゼルと空気の燃焼を促進し、排気ガスに含まれるＰＭ（粒子状物質）を減らすことができます。ガラスと化学反応をせず、研磨効率が高いので、ガラスの研磨剤に利用されています。

セリウムは発火しやすい性質があります。セリウムと鉄の合金をフリント（発火石）といいます。フリントを強くこすると削れたフリントの破片が摩擦熱で発火することを利用したものにライターがあります。発火したフリントの破片を種火にしてべンジンやガスなどに引火させるしくみです。

59

プラセオジム

Praseodymium
原子量 140.9

ネオジム同様ランタンと似て、塩が緑色を呈することから、ギリシャ語の「ニラの緑」を意味するprasiosと「双子（didimos）」が由来。

銀白色のやわらかい金属。空気中では酸化されて表面は黄色くなります。工業用途は少ないのですが、各種の塩類が陶磁器の黄緑色の釉薬に利用されています。

60

Nd ネオジム

Neodymium
原子量 144.2

性質がランタンと双子のように似ていて一緒に存在していたことから、ギリシャ語の「新しい（neo）」と「双子（didimos）」が由来。

世界最強のネオジム磁石

銀白色の金属です。市販されている磁石ではもっとも強力なネオジム磁石は、ネオジム、鉄、ホウ素が材料です。この磁石は当時の住友特殊金属（現・日立金属）の佐川眞人らが発明しました。モーターやスピーカーなどに利用されています。ネオジム磁石は一〇〇円均一のお店でも入手できるようになりました。

まず、主な磁石の発明、開発の歴史を示しておきましょう。炭素が二パーセント以下の鉄と炭素の合金を鋼（こう、はがね）といいます。鉄が成分の中心の磁石を磁石鋼といいます。

戦前、それまでの磁石性能をはるかにしのいで世界をおどろかせた磁石が本多光太郎によって発明されました。ＫＳ鋼です。一九三一年には、三島徳七がＭＫ鋼を発明しました。さらに本多らはＭＫ鋼の性能を超える新ＫＳ鋼を発明しました。古くから小学校の理科室にある棒磁石はこれらの磁石鋼のものです。

同じ頃、加藤与五郎と武井武が今日のフェライト磁石のもとになったOP磁石を発明しました。フェライト磁石はスチール黒板や冷蔵庫のドアなどの掲示用に使う黒色の磁石です。

OP磁石は、それまでの何種かの金属の合金とは違って、鉄・コバルト混合酸化物を材料としていました。金属の酸化物でも強い磁石になることを見出して、今日多量に生産されているフェライト磁石へと道を開いたのでした。フェライト磁石は鉄酸化物粉末を主原料にした、もっとも一般的な磁石です。

アルニコ磁石は、アルミニウム、ニッケル、コバルトなどを原料とした磁石です。小学校の理科室にU型のアルニコ磁石がある場合が多く、磁石鋼のものよりずっと強力です。

一九七〇年代前半に、サマリウム・コバルト磁石が発明されました。非常に強力で、この登場で超小型のモーターやスピーカーなどへの利用が可能になり、電子機器の軽薄短小化が進みました。

サマリウム・コバルト磁石は、レアアース（希土類）のサマリウムを含んでいるので希土類磁石とよばれます。欧米において、サマリウム・コバルト磁石という、もうこれ以上高性能な磁石は出てこないのではないかと思われるほどの磁石が研究・開発されたのです。

日本は、本多、三島、加藤・武井らの発明で「磁石王国」の名をとどろかせていたのに、それがゆらぐ事態になったのです。そこに、サマリウム・コバルト磁石より強いネオジム磁石が佐川眞人によって発明されました。同じく希土類磁石です。

ネオジム磁石は、ネオジム・鉄・ホウ素という三つの元素からなる磁石です。サマリウムよりネオジムのほうが地殻にたくさんあります。コバルトに比べて、鉄やホウ素は地殻にたくさんある元素で、値段もずっと安いです。

ネオジム磁石は、サマリウム・コバルト磁石と比べて密度が小さく、機械的強度は約二倍あります。密度が小さいので装置の軽量化に役立ちます。また、機械的強度が大きいということは、加工作業・組立作業中の磁石の取り扱いが容易であるということです。耐熱性が低いので、それを上げる工夫がされています。

その強力な磁界を利用して医療用のＭＲＩ（磁気共鳴画像法）が電磁石ではなく永久磁石でつくれるようになりました。

ネオジム磁石は今でも市販磁石の中で世界最高の性能を誇っています。鉄も成分に含まれているのでさびやすいという欠点がありますが、表面にニッケルめっきをすることでさびるのを防ぐなど改良もされています。

ネオジム磁石にお札がくっつく

ネオジム磁石を机の上に置いて指でくるりと回転させると、いつもN極とS極が南北を指して止まります。糸でつるさなくても地球の磁界の方向を向くのです。ネオジム磁石をポリ袋でつつんで、石ころに近づけると、砂鉄のような小さな粒だけでなく、かなり大きな石ころでもくっついてくることがあります。

机の上に置いた、まん中から折って動きやすくした一〇〇〇円札、五〇〇〇円札、一万円札にネオジム磁石を近づけるとお札がくっついてきますが、どうもお札の場所によってくっつきやすさが違うようです。これはお札の印刷インクに磁性体を混ぜた磁性インクが使われているからです。自動販売機などでの紙幣識別のための情報の一つになっているようです。

61

Pm

プロメチウム

Promethium
原子量(145)

ギリシャの神プロメテウス(Prometheus 火を伝えたとされる)が由来。

銀白色の金属です。ランタノイドの中で唯一の人工放射性元素で、稼働中の原子炉で日々生み出されています。後年、天然にもごく微量は存在することがわかりました。

放射性があるために暗いところで青白く蛍光を発するので、昔は時計の文字盤の塗料として利用されたことがありますが、安全上の問題から現在は使われていません。

蛍光灯のグロー放電管にはごく微量のプロメチウムが封入されています。ベータ線が空気をイオン化して、すばやく点灯させています。

62

Sm

サマリウム

Samarium

原子量 150.4

鉱物名サマルスキー石（samarskite）が由来。

銀白色でやわらかい金属です。

サマリウムとコバルトの合金は強力な永久磁石になります。ネオジム磁石と比較するとさびにくく高温でも働きます。磁石が磁力を失う温度をキュリー温度といいますが、ネオジム磁石は三一五度に対し、サマリウム・コバルト磁石は七四一度です。そのため、サマリウム・コバルト磁石は、電気自動車のコンプレッサーや風力発電機、ハードディスク内の磁石などに利用されています。

63

Eu

ユウロピウム

Europium
原子量 152.0

発見地であるヨーロッパ（Europe）に由来。

銀白色の金属です。電球型蛍光灯などで、単に水銀を封入したものより自然に近い色（「太陽の光に近い」のキャッチフレーズ）を出すための蛍光体に使われています。

64

Gd
ガドリニウム

Gadolinium
原子量 157.3

最初にレアアースを発見した化学者、ガドリン（Gadolin）に由来。

銀白色の金属です。中性子を吸収する能力が高いため、原子炉の制御（反応制御や原子炉の緊急停止用の消火剤）に使用されています。

ガドリニウムの化合物は医学検査のＭＲＩの造影剤に用いられています。一般的に、腫瘍は血流が豊富ですから、造影剤を静脈注射すると腫瘍の中に取り込まれ、腫瘍だけをコントラストをつけて周囲と区別することができます。

ＭＲＩは強力な磁石でできた筒の中に入り、磁気の力を利用して体の臓器や血管を撮影する検査です。強い磁界中での水素原子核の挙動から体内の水の分布をつかみ、コンピュータで映像を合成します。エックス線を使うＣＴ検査では、エックス線の被ばくが避けられないことと、人体の輪切りの断面図であることに対し、ＭＲＩでは、縦切りや斜めなど自由な角度で撮影できることと、磁気はほとんど人体に害がない点で優れています。

65

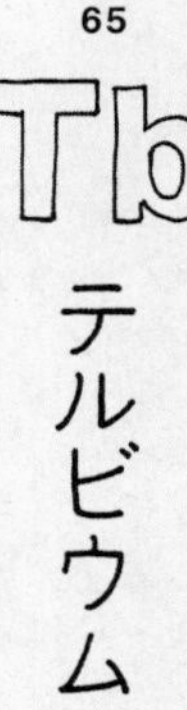

テルビウム

Terbium
原子量 158.9

この元素が発見されたイットリア鉱石の産地である、スウェーデンの小さな村イッテルビー（Ytterby）に由来。

銀白色の金属です。磁力で大きく伸び縮みする性質（磁歪という）があります。より小さな磁力で大きな磁歪が得られるテルビウム－ジスプロシウム－鉄合金が開発されています。その材料にコイルを巻き、コイルに交流を流すとその磁力で伸び縮みして機械的に振動します。それにより、超音波を発生させることができます。

66

Dy

ジスプロシウム

Dysprosium
原子量 162.5

分離に非常に苦労したことから、ギリシャ語の dysprositos（得難い、近付き難いの意味）に由来。

銀白色の金属です。光エネルギーをためておくことができる性質があり、ルミノーバ（N夜光）とよばれる蓄光材として利用されています。ルミノーバは、放射線による自発性夜光顔料に代わり、放射性物質を含まず一晩中発光できる顔料として、夜光顔料の歴史を大きく塗り替えました。主に、非常口などの避難灯に利用されています。

65番テルビウムで述べたように、大きな磁歪を示すテルビウム－ジスプロシウム－鉄合金が開発されて、利用されています。

67

Ho

ホルミウム

Holmium
原子量 164.9

発見者であるクレーベの生誕地であるストックホルムのラテン名Holmiaに由来。

銀白色の金属です。医療用のホルミウムヤグ（ホルミウムを添加したYAG（イットリウム・アルミニウム・ガーネット））レーザーに使われています。ホルミウムヤグレーザーはパワーが大きい一方、発熱量が小さく、患部の損傷がおさえられるので安全性が高く、硬い組織でも十分な破砕(はさい)力があるので、組織の切開や凝固、止血だけではなく結石治療にも用いられています。

68

Er

エルビウム

Erbium

原子量 167.3

この元素が発見されたイットリア鉱石の産地である、スウェーデンの小さな村イッテルビー（Ytterby）に由来。

銀白色の金属です。エルビウムを添加した光ファイバーは光信号を増幅することができます。石英ガラスの光ファイバーは長距離を伝達すると強度が弱まりますが、要所にエルビウムを添加した光ファイバーを通常の光ファイバーと接続して使用すると、光ファイバーの伝送距離が一〇〇倍も延びます。

69
Tm
ツリウム

Thulium
原子量 168.9

元素名の由来には複数の説があるが、スカンジナビアの古名Thuleに由来説が有力。

銀白色の金属です。レアアースの中ではルテチウムと並んで存在量が非常に少ない元素です。エルビウムと同様に光ファイバーに添加して増幅器として使用されます。

ツリウムは、エルビウム増幅器が対応できない波長の光を増幅することができます。

70

Yb

イッテルビウム

Ytterbium

原子量 173.0

この元素が発見されたイットリア鉱石の産地であるスウェーデンの小さな村イッテルビー（Ytterby）に由来。

銀白色の金属です。イットリウム・アルミニウム・ガーネットを用いたヤグレーザーに添加され、パワーが大きく発振効率が高い超短パルス光を発生します。このイッテルビウムーヤグレーザーは金属結合や分子間の結合を切断することが可能です。また、酸化イッテルビウムはガラスを黄緑色にする着色剤に利用されています。

71

Lu

ルテチウム

Lutetium
原子量 175.0

発見者の生地、パリの古称 Lutetia に由来。

銀白色の金属です。レアアースの中でツリウムと共に希少な元素です。主な用途は研究用です。PET（ポジトロン断層撮影法）の陽電子測定装置に、セリウム添加のケイ酸ルテチウムが使われています。

72

Hf ハフニウム

Hafnium
原子量 178.5

コペンハーゲンのラテン語名 Hafnia に由来。

銀灰色の金属です。ジルコニウム鉱物（ジルコン）に必ずジルコニウムと一緒に存在しています。しかも、ジルコニウムとハフニウムはとてもよく似た化学的性質をもっています。ところが、ジルコニウムとハフニウムは中性子に対する性質が異なっており、まるで正反対の性質を示します。ジルコニウムは中性子をよく通してしまうのですが、ハフニウムは中性子をよく吸収します。

中性子をよく吸収する性質があるため、原子炉の制御棒に使用されています。原子炉の核燃料に、制御棒を入れないときは核分裂連鎖反応が進みますが、制御棒を入れると中性子が吸収されてしまい、核分裂連鎖反応がストップして、核分裂をコントロールできるからです。

73

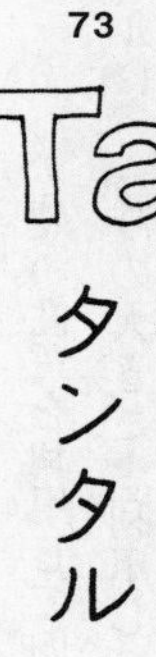

タンタル

Tantalum
原子量 180.9

ギリシャ神話の神タンタロスに由来。

光沢ある銀灰色の金属です。タンタルは、タングステン、レニウムに次いで三番目に融点の高い元素です。かつては、電球のフィラメントとしても使われていましたが、ほどなくタングステン線に取って代わられました。

現在、タンタルは、主にコンデンサー（蓄電器）に使われています。酸化タンタルを使ったタンタル電解コンデンサーです。このコンデンサーは小型で大容量が大きな特徴で、携帯電話やパソコンなど小型電子機器に広く使われています。

コンデンサーの次に多い利用は合金です。融点が高く、耐食性に優れたタンタルを添加することで高い耐熱性をもった合金になり、とても丈夫になります。

また、人体とほとんど反応しない（ほぼ無害）でよくなじむ金属なので、人工骨、人工関節や歯のインプラント治療に用いられています。

74

W タングステン

Tungsten
原子量 183.8

スウェーデン語で tung（重い）＋ sten（石）の意味。

タングステンは夜を照らす

銀灰色の金属です。非常に硬くてずっしりと重く、金属元素の中でもっとも融点が高いです（融点は約三四〇七度）。単体でも硬いですが、炭素と一緒にして炭化タングステン（WC）にするとダイヤモンドに次ぐ硬さになります。

密度は金とほぼ同じ一九・三グラム毎立方センチメートルです。鉄のかたまりは水銀に入れると浮いてしまうのに、タングステンの固まりは沈んでしまいます。

融点が高い性質を利用して高温条件になる白熱電球のフィラメントや電子レンジのマグネトロンに使われています。

また、硬い性質を利用して切削（せっさく）工具の歯、砲弾、戦車の装甲、ボールペン先のボールに、密度の大きさを利用して釣りのおもり（シンカー）、ゴルフクラブのウエイトやハンマー投げのハンマーにも使われています。ただし、希少金属なのでコストは高くなります。

tungsten（重い石）から命名されたのに、元素記号はWです。なぜでしょうか。これは、ドイツ語のウォルフラム（wolfram）という別名があるからです。現在でもドイツなど一部の地域では元素名をウォルフラムとよんでいます。タングステンが、最初に取り出された鉄マンガン重石wolfartに由来しています。鉄マンガン重石がスズ鉱石の中に混ざると、スズがうまく取り出せなくなるため、スズを狼（wolf）のようにむさぼり食べる様子から名づけられたのです。

エジソンが電球を発明したとき、フィラメントに使用した材料は炭素で、日本の京都・八幡の竹を使用したことは有名です。

炭素は真空中では一八〇〇度で蒸発するため、さらに高温に耐える材料が求められました。一九〇八年に金属の中でもっとも融点が高いタングステンを使ったフィラメントの製作に成功しました。タングステンを使うことでフィラメント温度が二〇〇〇度を超え、電球は一挙に明るくなったのです。真空中では、高温のフィラメント表面からタングステン原子が飛び出していきます。つまり、蒸発しやすいので、アルゴンを封入して蒸発を抑えたり、ガスの対流による熱損失を減らすためフィラメントをコイル状にしたり、さらに二重コイルフィラメントにするなど、次々に改良を重ねて現在に至っています。

ただ白熱電球は消費電力の約九〇パーセントが熱となり、光の変換効率が悪いため、蛍光灯、LED（発光ダイオード）などの新しい光源に変わりつつあります。

ニセの金の延べ棒

次のような伝説があります。アルキメデスが浮力の原理であるアルキメデスの原理（液体中の物体は、その物体が排除した液体の重さの分だけ軽くなる）を発見したときのきっかけになったというものです。

今から二千年以上の前のことです。ギリシャにシラクサという小さな国がありました。その国のヘロン王は、「すばらしい金の冠をつくろう」と思いたち、職人に金のかたまりを渡して、つくらせることにしました。

いよいよ金の冠ができました。ところが、よからぬうわさが王の耳に入ります。職人が、金に銀を混ぜて、混ぜた重さの分の金をくすねたというのです。王が渡した金のかたまりの重さとできあがった冠の重さは同じです。王はアルキメデスに調査を依頼しました。アルキメデスは引き受けたものの、よい知恵が浮かびません。ただ、日にちだけが過ぎていきます。

ある日、お湯がいっぱいまでたたえられていた風呂に入った途端、ザアーッとあふれたお湯を見て、ある考えがひらめいたのです。「わかったぞ。わかったぞ！」と叫びながら、裸のままアルキメデスは、風呂を出て、金の冠のところへまっしぐらにかけだしました。アルキメデスは、いっぱいに水を入れた容器に、金の冠を沈めて、正確に、あふれ出た水の体積をはかりました。それは金の冠の体積と同じです。冠と同じ重さの純粋な金のかたまり、銀のかたまりを入手して、あふれ出た水の体積をはかりました。純粋な金のかたまりのほうが、金の冠よりも、あふれた出た水の体積が小さかったのです。同じ重さの金と銀では、銀のほうがかさばっているのです。こうして職人のごまかしを見破ったのでした。

結局は金と銀の密度の違いから見破ったことになります。黄鉄鉱など金色の物質を使っても、密度がずっと小さいし、叩けば割れてしまいます。それなら金と同じ密度の金属を使ったらどうでしょうか。そこで、タングステンを使ったニセの金の延べ棒をつくった詐欺事件が時々起こります。たとえばタングステンの表面に金めっきしたり、さらに手が込むと、金の延べ棒にドリルで穴を空けて、くり抜いた金の分だけタングステンを詰めます。

これらを見抜くためには、蛍光エックス線検査や超音波が内部を伝わる速さを利用する検査が必要になります。タングステンの密度は一九・三グラム毎立方センチメートルに対し、金の密度は一九・三二グラム毎立方センチメートルですから、この密度差を検知する方法もあります。一キログラムの延べ棒なら、その延べ棒をはかりにぶら下げて水中に入れて浮力をはかるのです。そのはかりはかなり性能がよくないと駄目ですが、まさにアルキメデスの原理の応用になります。

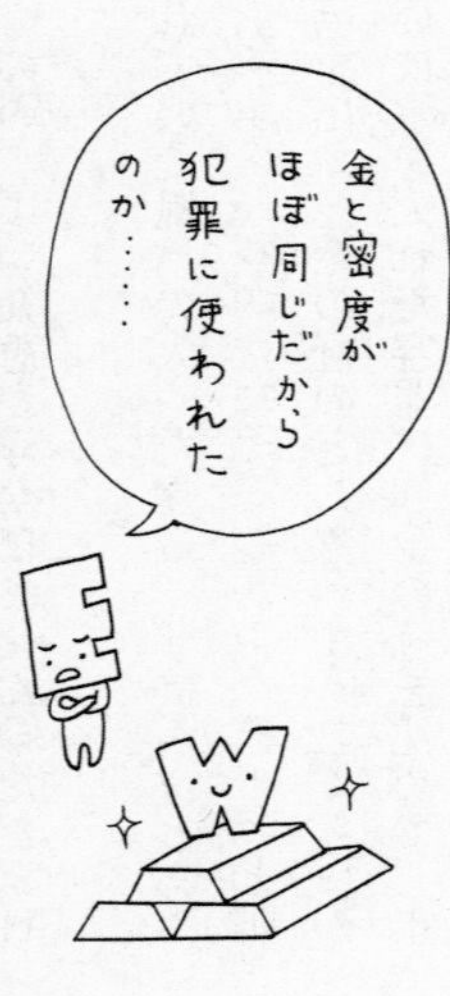

75

Re

レニウム

Rhenium
原子量 186.2

ドイツで発見されたのでラテン語の「ライン川（Rhenus）」にちなむ。

銀灰色の金属です。一九二五年に天然から発見された最後の安定元素です。それ以後に発見された元素はすべて人工的につくられた人工元素です。

金属の中でもっとも硬く、密度は二一・〇グラム毎立方センチメートルと金よりも大きく、三一八〇度と高い融点をもっています。こうした性質から利用価値は高いのですが、希少なために高価です。

一九〇八年（明治四十一年）に小川正孝（一八六五〜一九三〇、後に東北大学総長を務める）が「原子番号43番の新元素を発見したのでニッポニウム（nipponium, Np）と命名する」と発表しました。しかし、他の科学者による再確認ができなかったので後に却下されました。実は彼が発見した元素は43番ではなく75番のレニウムであったらしいのです。原子量の計算にミスがあったのです。もしも正しい分析ができていれば、原子番号75番はレニウムではなくニッポニウムになっていたかもしれません。

76

オスミウム

Osmium
原子量 190.2

ギリシャ語の osme（臭い）に由来。加熱すると容易に猛毒の四酸化オスミウムを生じ、それがとても臭いから。

臭い金属といわれるが……

青みがかった銀色光沢を示す美しい金属です。硬く、融点は金属中タングステンの次に高く、密度は二二・六グラム毎立方センチメートルともっとも大きいです。周期表で第六周期に並んだ三つの元素、オスミウム、イリジウム、白金は、お互いに性質がよく似た兄弟のような元素です。

イリジウムとの合金はとくに耐食・耐久性に優れているので万年筆のペン先に利用されています。

インクに硫酸・塩酸・硝酸といった強い酸が含まれているため、インクは腐食性をもっています。万年筆の書き味をよくするためには、ペン先にはしなやかさも必要ですが、腐食に強いことも重要です。そこでペン先に、高級品では一四金、格安品ではステンレスが使われます。さらにペンポイントの銀色に輝く金属は、イリジウム、オスミウム、ルテニウムが六五パーセント、白金その他金属三五パーセントで配合した合金イリドスミンです。

金属の中でダイヤモンドに次いで硬いので摩耗せず、また腐食にも強いです。一四金にしっかりとくっつけることができます。

オスミウムは、一八〇三年イギリスのテナント（一七六一～一八一五）によって発見されましたが、発見のもととなった酸化オスミウムの気体が刺激臭を有することから、臭気を意味するギリシア語の osme にちなんで命名されました。

酸化オスミウムは融点が四二度と低く、気化しやすいのです。臭いだけではなく、きわめて有毒な気体です。粘膜、肺、目などを刺激し、失明の危険があります。金属単体のオスミウムは臭わないのですが、空気中の酸素と化合して酸化オスミウムになりやすいので取り扱いには注意が必要です。

77

Ir イリジウム

Iridium
原子量 192.2

ギリシャ神話の虹の女神イリス(Iris)に由来。イリジウムの化合物の水溶液が虹のように多彩な色調に変化するから。

恐竜絶滅の謎解明の鍵をにぎる?

硬くて非常に密度が大きい銀白色の金属です。密度は二二・四グラム毎立方センチメートルとオスミウムの次に大きいです。宇宙にはそれなりに存在している元素ですが、地表にはほとんど存在しません。重いので、地球の〝火の玉〟時代に鉄などと一緒に地球深くに沈み込んでしまったと考えられています。

金属中、もっとも腐食に強く、酸・アルカリはおろか、熱した王水でも溶けにくい性質をもっています。

白金との合金は耐磨耗性・耐腐食性ともに優れているので、キログラム原器やかつてのメートル原器に使われています。

恐竜絶滅には諸説ありますが、その中で巨大隕石(いんせき)衝突説が有力です。白亜紀と第三紀の境界（K－T境界層）に世界的に発達する粘土層から、地球外物質に由来すると考えられるイリジウムの濃集（他の層に比べて二〇〜一六〇倍）が検出されたことがきっかけに、巨大隕石衝突説が有力になりました。イリジウムは、地殻にほとんど存在しないで、隕石には比較的多く含まれているからです。

その後、中生代末の大量絶滅の時期に形成されたとみられる巨大な衝突クレーターがユカタン半島の地下に発見され、また隕石の破片がK－T境界層から発見されて、大規模な地球外天体衝突事件が明らかになってきました。

巨大隕石が衝突すると、大量のちりを巻き上げました。大気中のちりは数年間太陽光を遮り、陸上・海面付近の被子植物などが育ちにくくなりました。被子植物が育たなくなったことから、これを主食としている草食恐竜が絶滅し、さらに肉食恐竜が絶滅していった……というシナリオです。

78

白金

Platinum
原子量 195.1

十七世紀、南米のスペイン征服者が、スペイン語のplata（小さな銀）を意味するplatinaとよんだことから。

貴金属とは何か？

化学的に非常に安定で耐食性に優れ、触媒としての活性が高い銀白色の金属です。日本語で「白金」と書きますが、装飾品のホワイトゴールド（金をベースにした金と他の金属との合金）とは別物です。最近はプラチナとよぶことのほうが多くなっています。

金と同じく王水以外には溶けないという強い耐食性を示し、金属光沢を永く保つので装飾品に利用されます。また、耐食・耐久性からイリジウムとの合金はキログラム原器やかつてのメートル原器に使用されました。キログラム原器は白金九〇パーセント、イリジウム一〇パーセントの合金です。

融点も高いことから点火プラグや排気センサーなど過酷な環境に晒される部品に、また触媒としても自動車の排気ガスの浄化装置などに多く利用されています。

貴金属や卑金属は日常語で、科学的にその厳格な定義は明確ではありません。一般的に貴金属は、容易に化学的変化を受けず常に金属光沢を保ち、産額が少なく高価であることを特徴とする、金、白金、ルテニウム、ロジウム、オスミウム、イリジウムなどをさします。通常は銀も含めます。貴金属に対して空気中で簡単にさびる金属を卑金属といいます。

白金と金は貴金属の代表格です。白金の有史以来の生産量は、約四五〇〇トンと非常に少なく、金の約一五万トンに比べてもその三〇分の一以下しか生産されていません。白金は、金以上に希少な金属といえるでしょう。

自動車の排ガス浄化装置で使用

ガソリン自動車排ガス中の主な有害成分は、ガソリンの未燃成分である炭化水素、一酸化炭素と、高温燃焼によって生成した窒素酸化物（NOx）です。

排ガス浄化装置の触媒は、白金、パラジウム、ロジウムを組み合わせて使い、三元触媒とよばれます。三元触媒は、一酸化炭素と炭化水素を酸化して無害な二酸化炭素と水に変えると同時にNOxを還元して無害な窒素と酸素に変えるという三つの働きをします。

近年の日本車（ガソリン車）の一台あたりの白金の使用量は一・五〜二グラムほどだといいます。他にパラジウムやロジウムも使われていますから貴金属として三〜七グラム程度になります。

水素ガスと酸素ガスから水ができる反応によって電気エネルギーを得る燃料電池車は、触媒に白金を使います。一台あたりの白金の使用量は三〇〜五〇グラムといわれていますから、燃料電池車はガソリン車と比べて、ざっと一五倍から二〇倍の消費量となります。これは燃料電池車の普及の阻害要因になっており、白金に代わる触媒の材料の開発が進められています。

抗がん剤として利用

数多くのがんに有効性が認められているプラチナ製剤です。点滴による静脈注入によって投与されます。

がん細胞の二本のＤＮＡ鎖のグアニンとアデニンと結合することで、二本のＤＮＡ鎖がほどけなくなるため、がん細胞は分裂できなくなり、がん細胞が死滅します。

シスプラチンは、現在の抗がん剤治療では中心的な役割を果たしていますが、激しい副作用があるのが特徴です。吐き気や嘔吐(おうと)が高い割合で起こり、また、腎不全などの腎臓機能の障害が起こることもあります。そのため他の抗がん剤と組み合わせる、制吐剤を使う、投与後に十分に輸液をする、などの対応が必要です。

column　周期表は、かつて原子量順に並べられていた

現在周期表は、原子番号順に並べられています。

そして、用いられている原子量は、炭素の同位体のうち、炭素12を基準にとり、これを原子量一二・〇〇〇〇とした相対原子質量です。

天然の多くの元素には、相対質量の異なる同位体が一定の割合で混じっています。そこで、このような元素の相対質量は、同位体の相対質量に存在比をかけた平均値で表します。これが周期表に載せてある原子量です。周期表の元素順で原子量の逆転があるところを探してみましょう。

79

Au

金

Gold

原子量 197.0

goldはインド・ヨーロッパ語で「輝く」を意味するghelが語源。元素記号のAuはラテン語aurum（光り輝くもの）に由来。

世界中で愛される金属

文字通り金色の美しい光沢をもつ金属です。人類がもっとも古くから利用してきた金属の一つです。砂金や自然金としてそのまま採掘されます。世界中で通貨や装飾品として珍重されてきました。密度が大きく、やわらかい金属で、その延びは驚異的で金一グラムから、たたみ二畳分以上の金箔ができます。

化学的に非常に安定しています。金を溶かすことができる溶液を王水とよびます。こうした耐食性による不変の美しさと加工のしやすさ、希少性などから、古くより通貨や宝飾品として利用されています。一般に使われる金貨は一〇パーセントほどの銅が加えられています。

耐食性に加えて熱や電気の伝導性にも優れているので、電子部品の端子やコネクタ、集積回路にめっき処理して使用されたり、義歯（金歯）に利用されています。また、赤外線をよく反射する性質があるので、人工衛星の外面にも断熱材として金箔が張られます。

カラット（K）とはどんな意味？

合金としての品位は、カラット（K）で表します。カラットは純金を24K（金一〇〇パーセント）とし、たとえば金貨は21・6K（金九〇パーセント）、装身具18K（金七五パーセント）、万年筆の金ペン14K（金約五八・三パーセント）などです。もっとも低い10Kで、金の含有率は二四分の一〇ですから四一・七パーセントになります。

金メダルを溶かして秘匿

濃硝酸と濃塩酸を体積比一：三で混合した溶液を王水といいます。金属の王である金や白金を溶かすことができるからです。

第二次世界大戦中にデンマークに滞在中だったハンガリーの化学者ヘヴェシー（一八八五〜一九六六）は、デンマークがドイツに占領されてドイツ軍に追われる身となりました。彼はそのとき、ある二人からノーベル賞の金メダルを預かっていたのです。メダルといえども金を国外へ持ち出すことが違法とされていたので、ヘヴェシーは、金メダルを王水で溶かして、それをニールス・ボーア研究所の実験室にしまってからスウェーデンへ亡命したのです。

戦後、実験室にもどったところビンは無事でした。ノーベル賞を発行したスウェーデン学士院はその経緯を知り、この水溶液から取り出した金を使ってメダルを復元し、二人に改めて金メダルを贈ったのです。

採掘・精製加工された金の総量

イギリスの貴金属調査会社トムソン・ロイターGFMS社の統計によれば、これまでに採掘・精製加工された金の総量は、二〇一〇年末時点で一六万一二九六トンです。

水泳競技用の五〇メートルのプールは、幅二五メートル、深さはオリンピック用で最低二メートル、容積は五〇×二五×二＝二五〇〇立方メートルになります。金の密度は一九・三グラム毎立方センチメートルなので、一立方メートルあたり一九・三トンとすると、プール一つに二五〇〇×一九・三＝四万八二五〇トンの金が入ります。二〇万一二九六トンを四万八二五〇トンで割ると約四・二になります。つまり、これまでの採掘・精製加工された金は五〇メートルのプール四・二杯程度ということになります。

日本の「都市鉱山」

日本はかつて銀や銅の世界有数の産出国でした。しかし、資源が枯渇し、また人件費や環境対策費の上昇等により採算がとれなくなったので閉山が相次ぎました。現在、日本の金属鉱山で操業しているのは菱刈(ひしかり)鉱山（鹿児島県）のみとなっており、必要な金属資源のほぼ全量を海外からの輸入にたよっています。

しかし、「都市鉱山」という観点からみると、日本は世界有数の資源大国になります。都市鉱山とは、都市で大量に廃棄される家電製品などに有用な金属資源が多く含まれていることから、それらを一つの鉱山と考えてリサイクルしていこうとする考え方です。

つくられては捨てられる家電や自動車、工業製品に使われている電子回路基板には金や白金、インジウムといったレアメタルが使われています。一枚の基板に使われるレアメタルはごく微量であっても、数が集まるとバカにできません。

国立研究開発法人国立環境研究所の資源循環・廃棄物研究センターによると、パソコンの基盤一トンから約一四〇グラムの金が取り出せるということです。実際の金鉱山を発掘した場合、一トンの金鉱石から約三～五グラム程度しか金を取ることはできません。「都市鉱山」が、いかに豊かな資源であるかがわかります。

国立研究開発法人物質・材料研究機構が二〇〇八年一月に発表した試算によると、日本に蓄積されている金は約六八〇〇トン。これは、世界の現有埋蔵量四万二〇〇〇トンの約一六パーセントにあたります。銀は、六万トンで二二パーセントを占めます。インジウムは六一パーセント、スズ一一パーセント、タンタル一〇パーセントと、世界埋蔵量の一割を超える金属が多数あることがわかりました。

海水から金を取り出せれば……

一九一八年に第一次世界大戦で敗北したドイツは、戦勝国から多大な賠償金を課せられました。このことは、戦争で疲弊したドイツの国家財政にとって大きな打撃でした。

ハーバー（一八六八〜一九三四）は、化学者として、どうにかしてその国情を救えないかと考えました。着目したのは海水です。「海水一トンあたり五ミリグラムの金が含まれている。海水から金を取り出そう。全部取り出せなくても何分の一かでも取り出せれば十分採算が取れる。莫大な量の海水から金を取り出せれば、これで賠償金を払えるだろう」ということでした。

ハーバーは、大規模な機器を備えた極秘の分析室をもった観測船メテオール号に乗り込み、大西洋各地の海水中の金の量を分析しました。しかし、予想外に少量だったため、あらためて世界各所の海水を採集して海水中の金の濃度を測定したところ、一トンあたり〇・〇〇四ミリグラムしか含まれていないことがわかりました。金が取り出せたにしても、その金の価格よりも何倍ものコストがかかってしまいます。そのため、一九二六年には取り止めになりました。

現在では、海水中の金の濃度は、ハーバーが最終的に得た値より、さらに一〇〇分の一ほど低いと考えられています。現在の技術によっても、金程度の微量成分を採算が取れるように取り出すことはできていません。

80

Hg

水銀

Mercury

原子量 200.6

元素記号のHgは、ラテン語のhydrargyrum（水のような銀）の略。

安価で多様な特性をもつ水銀

銀色の金属です。金属の中で、常温で水銀だけが液体です。液体の自然水銀として産出し、古代からよく知られていた金属です。表面張力が強いので、こぼれると葉の上の水滴のように丸くころころとした状態で存在します。

金、銀、銅、亜鉛、カドミウム、鉛など多くの金属と溶け合いアマルガムというやわらかいペースト状の合金になります。歯科治療後の詰め物としても利用されてきましたが、近年、歯の穴をふさぐ素材としては見た目が銀灰色で目立つこと、水銀が溶け出すおそれがあることから接着性の合成樹脂が主流となっています。

蛍光灯や水銀灯などには水銀蒸気が封じ込められていて、発光体として使われています。熱膨張率が一定で大きい特性から温度計や体温計に利用されたり、殺菌作用があるので化合物が医薬品にも利用されてきました。安価で多様な特性をもつことから広く利用されてきましたが、一九五〇年代に起こった水俣病で、有機水銀(メチル水銀)が原因物質としてその毒性が注目され、近年は利用が避けられるようになっています。

東大寺の大仏の金めっき

アマルガムはギリシャ語の「やわらかい物質」に由来します。水銀は元々常温で液体なので、加熱しなくても金、銀、銅、亜鉛、カドミウム、鉛などの融点が低い金属を溶かし込んでアマルガムとなります。アマルガムはやわらかい糊状で、少しの加熱で軟化するので加工しやすいのです。

東大寺の大仏は、金を水銀に溶かしたアマルガムを大仏に塗り、炭火で水銀を蒸発させて金めっきしました。現在では金めっきははがれてしまい、その面影はないですが、建立当時はさん然と金色に輝いていたことでしょう。

『東大寺大仏記』によれば、水銀五万八六二〇両(約五〇トン)、金一万四四六両(約九トン)を用いたとあります。膨大な量の水銀が蒸気になって奈良盆地を覆ったかもしれません。水銀蒸気の吸入により、気管支炎や肺炎、腎細尿管障害、むくみ、場合によって尿毒症も発生し、全身のだるさ、手のふるえ、運動失調などをひき起こしますから、中毒者が続出したかもしれません。

似たような話は、砂金の採掘でもみられます。砂金を水銀でアマルガムにすると砂金の不純物の多くは水銀に溶け込まないので、アマルガムを加熱すると金を精錬できるからです。

ブラジル、アマゾン川流域では、一九七〇年代の終わり頃から川底やジャングルの堆積土中の砂金採掘が盛んに行われ、金の精練に使用されている水銀による汚染が深刻化しています。タンザニア、フィリピン、インドネシア、中国等の国々でも同様な汚染が起きています。

工場廃液と水俣病

水俣病は、熊本県下の水俣湾周辺地域と新潟県下の阿賀野川下流地域とに再度にわたって発生をみた有機水銀（メチル水銀）中毒で、わが国の代表的な公害病の一つです。

原因はチッソ水俣工場や昭和電工鹿瀬工場からのメチル水銀を含んだ廃液でした。

メチル水銀がプランクトン→小魚→中型魚→大型魚→人間というように、水中の諸生物間の食物連鎖を経由することによって魚介類へ高度に再濃縮され、その有毒化魚介を反復大量に摂取した人々の中から発病する人が出ました。

脳の血管には血液脳関門（脳の働きに大切な神経細胞を有害物質から守るバリアー。血液中の物質を脳へ簡単に通さない機構）がありますが、メチル水銀は油溶性で水に溶けにくいため、この関門を通過し脳に蓄積されました。また胎盤を通過して胎児にも蓄積し、胎児性水俣病を引き起こしました。

81

Tl タリウム

Thallium
原子量 204.4

ギリシア語の「新緑の小枝」を表すthallos が由来。発見時、スペクトル分析で鮮やかな緑色の未知のスペクトルが見られたことから。

使用禁止の元素

銀白色のやわらかい金属。水銀との合金はマイナス五八度まで液体状態を保持できる（水銀はマイナス三八度まで）ので、極寒地温度計に使用されています。

化合物は一般に毒性が高く、硫酸タリウムはかつては殺鼠剤、殺蟻剤として使用されました。しかし、タリウムの化合物は無味無臭で、人にも危険性があって毒殺にも使われたため、わが国では現在使用が禁止されています。

体内では、同じ大きさで人体必須元素のカリウムとよく似た動きをします。細胞膜にあるカリウムイオンが通過できるカリウムチャンネルを通過できるのです。カリウムが多く利用されている神経や肝臓、心筋のミトコンドリアで、タリウムがカリウムの働きを妨害するため中毒作用を起こします。タリウムは尿や便で排泄されるため、中毒の検査や診断は尿や便中のタリウム検査でわかります。中毒の治療としては、胃洗浄、下剤やカリウムの投与や血液透析などを行います。

二〇一四年十二月、名古屋大学理学部一年の女子学生が、同市内に住む主婦を手斧で殴り、マフラーで首を絞めて殺害した事件が起こりました。「幼い頃から、人を殺してみたかった」「実は、相手は誰でも良かったんです。殺したときはやった、という気がしました」などの供述がありました。

女子学生は、過去には高校の同級生二人に「硫酸タリウム」を飲ませたこともわかり、再逮捕されました。その一人は、体中が原因不明の激痛に襲われた、両眼の視力が急激に低下したということです。

二〇〇五年秋、タリウムを母親に飲ませて殺害しようとした女子高生が逮捕される事件が起こりました。母親に数回にわたり酢酸タリウムを摂取させて意識不明の中毒症状を起こさせ、その様子を詳細に日記に記録したといいます。

それ以前にも、一九九一年の東京大学技官殺人事件、一九八一年の福岡大学タリウム傷害事件、一九七七年の新潟県缶紅茶タリウム混入事件など、酢酸タリウムや硫酸タリウムが事件に用いられました。

82

鉛

Lead
原子量 207.2

leadはアングロサクソン語の鉛。元素記号Pbはラテン語で「鉛」を意味するplumbumの略。

ローマ時代の水道管

銀白色の金属ですが、さびで覆われた表面は鉛色とよばれる青灰色となります。高密度(二〇度で一一・四グラム毎立方センチメートル)で、かたまりをもつとずっしりと重いです。

人類がもっとも古くから広く利用してきた金属の一つです。約五千年前のものと思われる鉛の鋳造品などが発見されています。ローマ遺跡からは鉛製の水道管がまだ使用できる状態で見つかっています。

融点が低く常温でもやわらかく加工しやすいこと、鉱石から割と簡単に金属を取り出すことができて安価に手に入ることから、古代から近代まで広く用いられました。また、さびてすぐに黒ずむが、表面にびっしりとした酸化皮膜ができるため、さびが内部に進みにくく、水中でもさびにくいです。

エックス線をよく吸収するので、エックス線遮蔽材として、レントゲン検査のときに鉛入りのエプロンで生殖器を守ります。

はんだ（鉛とスズの合金）、鉛蓄電池、銃弾・散弾、釣りのおもりなど広範にわたって大量に使用されてきました。しかし鉛の人体への毒性や環境汚染が問題になり、はんだも鉛フリーはんだ（無鉛はんだ）の普及が進められているなど代替が進められています。

なお鉛蓄電池は、重さなどマイナス要因はあっても、価格と放電可能容量や電圧の安定性から自動車に搭載されています。

鉛中毒の危険性

鉛は、もっとも中毒を起こしやすい重金属です。数ミリグラムの鉛を継続して数週間摂取すると容易に慢性中毒を起こします。とくに神経に影響を及ぼす毒性をもっており、成長期の子どもにとって注意すべき物質です。

二〇一三年十月にＷＨＯは、「鉛中毒で毎年一四万人超が死亡し、六〇万人が知的障害になっている」ことを発表しています。

主に鉛中毒を引き起こすのは、玩具や住宅、家具などに使われる鉛入り塗料です。塗膜は何年か経つと劣化して地面や床に落ち、粉末になったものを吸い込む危険が大きいといいます。ＷＨＯは、各国が鉛入り塗料の生産・使用の早期廃止に向けて規制強化に取り組むことが急務だと強調しました。

わが国では、鉛は、家庭用塗料には含まれていませんが、建物等の構造部材に使用される下塗りのさび止め塗料（赤色）や、上塗り塗料（黄色、オレンジ色など）に含まれていることがあったのですが、ほぼ無鉛の塗料へ切り替えられています。

ローマ滅亡の原因は？

「ローマが滅んだのは、鉛製の水道管から溶け出した鉛で中毒になったため」という説明を見かけます。

しかし、この話にはおかしい点があります。ローマ時代の水道の大部分は石造りで、鉛管部分はわずかです。当時は水道に栓がないから流れっぱなしであり、鉛と水の接触時間は一瞬で鉛イオンの溶出量はごくわずかです。

天然水には二酸化炭素が溶けていますので、鉛の表面は鉛イオンがほとんど溶け出さない炭酸鉛や、水中に溶けていたカルシウム塩などが析出して付着していて、水中に鉛イオンはほとんど溶け出していなかったことでしょう。

実は、ローマ人の人骨には鉛がかなり含まれていました。これは、ワインのせいでした。当時は冷蔵の技術はありませんから、ワインはたちまち酢酸菌などによりすっぱくなりました。紀元前二世紀頃にローマのある酒屋が、この酸敗（さんぱい）ワインをスズや鉛で内張りした容器に入れて加熱すると、酸味がとれて甘くなることを発見しました。

このことがローマ帝国全体に広がりました。実は鉛と酢酸が反応して甘味のある、有毒な酢酸鉛になっていたのです。後代になってこの方法は法的に禁止されて石灰で中和する方法が広まりました。現在のワインは、亜硫酸塩を添加したりして酸敗を防いでいます。

なお、日本の古い家屋では、水道の本管と家屋の間は鉛管の場合があります。水道を使わない夜間は管と水が接触したままですので、その場合は、朝一番の水道水は飲食には避けたほうがいいでしょう。

鉛筆はなぜ「鉛の筆」というのか？

身近な文房具である鉛筆。私は小さいとき、母から「鉛筆の芯をなめたらダメ。毒よ」といわれました。母は鉛筆には鉛が入っていると思っていたようです。鉛筆の芯は黒鉛（炭素）と粘土を焼き固めたものからできているので毒はありません。

鉛筆の歴史をたどると、元々は鉛からできていたため、そのように命名されたのです。純粋な鉛ではなく、鉛とスズの合金が鉛筆の芯だったのです。ミケランジェロ（一四七五〜一五六四）のスケッチは鉛とスズの芯の筆で描かれています。

鉛とスズの芯の筆は値段が高く硬かったのですが、黒鉛を使うと紙に書きやすいことがわかりました。そこで、木に黒鉛のかたまりをはさみ込んだもの――現在の鉛筆の元ができたのです。黒鉛のかたまりは、天然に石墨という鉱物があったので、それを使いました。名前は、元々の鉛筆をそのまま使ったのです。

現在の鉛筆の芯は、黒鉛と粘土を混ぜて焼き固めてあります。すると、丈夫になるからです。黒鉛と粘土の割合によって、芯の硬さを変えられます。

83

Bi

ビスマス

Bismuth
原子量 209.0

いくつかの説があるが、一つは、ギリシャ語の「白粉」psimythion がアラビア語に取り入れられた後に、ラテン語の bisemutum になったというもの。

半減期が千九百京年！

少し赤みがかった銀白色のやわらかい金属。表面が酸化膜で覆われると、非常にきれいな七色の光沢を見せます。同位体はすべて放射性同位体で、安定同位体（一五六頁）をもちません。長い間安定同位体と思われていたビスマス２０９は、二〇〇三年に半減期が判明しました。約千九百京年と極端に長いのです。私たち人類の生存期間中には崩壊しないと考えられるくらいです。

他の金属との合金は、それぞれの金属単体より低い融点となるため、鉛フリーはんだや低融点合金に使用されます。性質が鉛に似ており（高密度・低融点・やわらかい）無害であることから、散弾や釣りのおもり、ガラスの材料など鉛の代替として用途が広がっています。

低融点合金の一つであるウッド合金は、成分がビスマス五〇パーセント、鉛二四パーセント、スズ一四パーセント、カドミウム一二パーセントで、融点は約七〇度です。水を熱すれば七〇度のお湯は簡単につくれますが、この中に入れると融けて液体になるということです。これを火災用自動スプリンクラーで、水が出ないように口金に使うと、火事になって周囲が七〇度を超えた場合には、口金が融けて水をまき散らすようにすることができます。

column 人工元素をつくる

ふつうの化学変化では、原子はほかの原子と結びついたりして、その組み合わせが変わりますが、原子核そのものがほかの原子核に変わることはありません。

ところが、原子核に中性子やアルファ線などをぶつけると、ほかの原子核に変わることがあります。このことを利用して人工的に原子核の変換を起こして人工元素をつくることができます。

原子番号93番ネプツニウム以降の元素は、原子核にアルファ粒子、陽子、重水素（水素の同位体で質量数2）、中性子などをぶつけて、異なった原子核（超ウラン原子核）を人工的につくりだしたものなのです。

84

Po
ポロニウム

Polonium
原子量(210)

発見者であるマリ・キュリーの祖国ポーランド（Polska Poland）に由来。

スパイとポロニウム

揮発しやすい放射性の銀白色の金属です。ウラン鉱にごくわずかに含まれます（一キログラム中〇・〇七マイクログラム以下）。

天然に多いのはポロニウム210で、ウランの一〇〇億倍のアルファ線を放出し半減期は百三十八・四日です。ガンマ線も出します。

一八九八年に、マリ・キュリー（キュリー夫人、一八六七〜一九三四）は、ピッチブレンド（閃ウラン鉱）という鉱物が強い放射能をもつことから、ピッチブレンドには「ウランよりも放射能が強い元素が含まれているはずだ」として、早速その物質の分離に取りかかり、ついにウランよりも強い放射能を示す元素を取り出すことに成功しました。

マリは帝政ロシアの支配下にあった祖国ポーランドにちなんでこの元素をポロニウ

ムと名づけたのです。

アルファ線源や原子力電池に使われたりします。また、アルファ線を空気に当てると、空気中の分子の電子がはじき飛ばされてプラスの電気をもつようにイオン化します。この空気を吹き付ければ、マイナスの電気を中和することができるので、静電気除去装置に使われたりします。

イギリスに亡命し、プーチン政権を批判していたロシア連邦保安庁元幹部のアレクサンドル・リトビネンコが二〇〇六年十一月、ロンドンで急に体調を崩して不審死をとげました。彼の体内から放射性物質ポロニウム210が検出され、毒殺されたことが判明しました。ポロニウム210による内部被ばくが原因です。

リトビネンコは腕利きのスパイでした。あるとき上司から民間の要人数名の暗殺指令を受けましたが、その中に知り合いがいたため命令を拒否し、記者会見を開いて上司の悪行を暴きました。その直後にロシアを脱出した彼は、プーチンと秘密警察の内情を暴く本を出版しました。そのため、リトビネンコ毒殺事件についてロシア政府が関与しているのではないかと盛んに報じられました。彼が死のベッドで書いた遺書には「プーチンとロシア連邦保安庁にやられた」と記されています。事件の真相を解明するイギリスの独立調査委員会（公聴会）は、最終報告書でロシア政府の関与の可能性を示していました。

この事件で、放射性猛毒物質としてポロニウムが有名になりました。

タバコを吸うと被ばくする⁉

葉タバコはトマトやジャガイモと同じナス科の植物です。葉タバコは成長するときに土壌中からポロニウム210を吸い上げ、それが葉に蓄積されます。葉タバコから製造されるタバコの喫煙や受動喫煙によって人体に吸入されます。世界的には「一日三〇本のタバコを吸う人は、年間三六ミリシーベルトの被ばくをしている」との意見が主流のようです。

喫煙で生じる肺がんの二パーセント程度はポロニウム210が原因とする意見もありますが、タバコには他の発がん性物質も多種・大量に含まれているため、これが主な原因とまではいえないでしょう。

85

アスタチン

Astatine
原子量(210)

ギリシャ語のaは「否定」、statosは「安定」を意味するところから「不安定」を意味する。

銀白色の金属です。昇華性があり水溶性です。放射性で半減期がわずかです（もっとも長いアスタチン210で八・一時間、もっとも短いアスタチン213で〇・一二五マイクロ秒）。こうした不安定さのためフランシウム（元素番号87）とともに地球全体で二五グラム程度と天然の元素の中ではもっとも少量の元素といわれています。

86

Rn ラドン

Radon
原子量（222）

ラジウムから生成する（RADium emanatiON）の略（大文字で示した部分）で命名。

ラドン温泉と放射線

貴ガスの仲間です。もっとも重い気体で、密度は零度で九・七三グラム毎リットルです。液体の水の密度が一〇〇〇グラム毎リットルですから、その約一〇〇分の一の密度です。放射性で半減期はラドン222で三・八日です。ラジウムの崩壊によって生まれます。

わが国は、世界屈指の温泉大国です。さまざまな温泉の中には一三〇カ所以上もの「放射能泉」とよばれる温泉があります。とくに有名なのは、三朝（みささ）温泉（鳥取県東伯郡三朝町）、有馬温泉（兵庫県神戸市）、増富（ますとみ）温泉（山梨県北杜市）などです。

放射能泉の定義は「温泉水一キログラムの中にラドンを一一一ベクレル以上含むもの」とされています。文字通り放射性同位元素が含まれている温泉です。とくにラドンやラジウムの含有量が多い放射能泉は一般に「ラドン温泉」「ラジウム温泉」とよばれています。

ラドンやラジウムの大元は、地下深くにあったウラン238です。ウランがマグマによって地表近くにやってきて、河川や雨水に溶け、地下水に入り、温泉としてわき出てきたものが放射能泉なのです。ウラン238の半減期は四十四億六千八百万年で、最終的には鉛206になって安定します。その間におよそ一一段階の壊変が起き、放射性娘核種ができていきます。五段階目にラジウム226ができるのですが、その次の壊変で、気体のラドン222が生まれます。ラジウムの壊変によってできることからラドンと命名されました。

ほとんどの放射能泉では、一般的に、ラドン含有量に比べてラジウムの含有量が非常に低いです。ラドン温泉ではラドンを吸入することになりますが、ラドン222はアルファ線を放出します。

自然界にあるラドンは、比較的低濃度でも肺がんを引き起こすリスクがあるとのデータが出てきています。二〇〇五年六月、WHOは、ラドンは喫煙に次ぐ肺がんのリスク要因として警告しています。

それでは、放射能泉での被ばく量はどの程度になるのでしょうか。増富温泉で調べた場合、一年間毎日二時間利用した場合でも年間被ばく量は平均〇・八ミリシーベルトで、一般人で自然放射線以外に余分に被ばくしてもいいとされる一ミリシーベルト以下なので、たまに入るくらいなら怖れる必要はないでしょう。

ラドン温泉の効能は、「微量の放射線はむしろ健康によい」とするホルミシス効果を根拠にしています。放射線ホルミシス効果とは、少量の放射線による刺激で生体の免疫機能が活性化されて、健康によい影響を与えるという考えです。しかし、放射線のホルミシス効果は、現段階では仮説に過ぎず、異論のほうが強いものです。

一般的に、放射線ホルミシスを元に健康によいとする説明のものには近づかないほうが無難でしょう。

なお、トロン温泉とよばれる放射能泉がありますが、トロンという元素があるわけではありません。トロンはラドン220のことなのです。ラドン220は、トリウム232が大元でできます。ラドン222と区別するためにトロンとよばれています。ラドン222と似たような性質であり、半減期が短いです。

Part Ⅳ

原子番号87～118

Fr Ra Ac Th Pa U

Np Pu Am Cm Bk Cf Es

Fm Md No Lr Rf Db Sg

Bh Hs Mt Ds Rg Cn Nh

Fl Mc Lv Ts Og

87

Fr フランシウム

Francium
原子量(223)

フランスのキュリー研究所で発見されたところからフランス(France)に由来。

ウラン235を親として始まる放射性崩壊の過程で生まれますが、もっとも半減期の長いフランシウム223でも二十一・八分と短命で、地殻に多くても三〇グラムと、ごく微量しか存在していません。

フランシウムのすべての同位体は放射性崩壊をしてアスタチン、ラジウムもしくはラドンとなります。

発見されたのは一九三九年。もっとも遅く発見された天然元素です。発見したのはパリのラジウム研究所(のちのキュリー研究所)の三十歳の若き女性研究員ペレー(一九〇九~一九七五)。元素名は、ペレーの祖国フランスに由来します。

1族のアルカリ金属の中でもっとも重いので、もしかたまりが得られたら、周期表ですぐ上に位置するセシウムと似たような性質を示すことでしょう。つまり、銀色の金属で、水に投げ込むと瞬時に大爆発を起こすことでしょう。

88

Ra

ラジウム

Radium
原子量(226)

「放射」を意味するラテン語(radius)が由来。

ラジウムガールの悲劇

キュリー夫妻は、一八九八年に、ウラン鉱石を精錬した残りかす(ピッチブレンド)に、先に発見したポロニウムとは別の、もっと放射能が強い物質を見出しました。「その新物質には新元素が含まれているに違いない」と、四年かけて一〇トンの分量と格闘。一九〇二年、ついに一〇〇ミリグラムのラジウムを取り出しました。

エックス線や最初の放射性物質の発見当時は、エックス線や放射性物質が出す大量の放射線が人体にどのような影響を与えるかはよくわかっていませんでした。

フランスの物理学者ベクレル(一八五二～一九〇八)はガラスケースに入れた微量のラジウムをポケットに入れておいたら、それにより腹部が火傷と同様の症状になりました。これをラジウム皮膚炎といいます。それを聞いたマリ・キュリーも腕につけてみたら紅斑(こうはん)(皮膚にできる、赤いまだらな点)ができました。

しかし、急性障害はわかっても、長時間にわたる被ばくの影響はなかなかわかりませんでした。

マリ・キュリーは、長年の放射性物質の取り扱いの結果、次第に体がむしばまれ、血液のガンである白血病でこの世を去りました。

第一次世界大戦から一九二四年頃まで、ラジウムの放射能を利用して、放出されるアルファ線を蛍光塗料に当てて文字盤を光らせる夜行時計をつくっていた米国の女子工員のラジウム中毒事件は有名です。

その文字盤をラジウム入りの塗料をつけて筆で描いていたのですが、筆先を口で整えたためにラジウムが大量に体内に入り、骨のまわりにできるがん（骨肉腫）などの障害が起こりました。「ラジウムガール」とよばれた彼女たちは会社を訴えて勝訴しましたが、原告の多くはまもなく亡くなりました。

このようなこともあり、放射線の人体への影響の研究が進められることになりました。一方でラジウム療法として、ラジウムからの放射線を当てて体内のがんの部位を破壊して治療したり、ラジウム剤を投与して治療するなどが行われていました。しかし、現在の放射線治療では人工の放射線源（コバルト60など）が用いられるようになり、ラジウム剤はしだいに利用されなくなりました。

二〇〇〇年代初めのラジウムブーム

二〇〇〇年代初め、マリ・キュリーが生涯の研究対象にしたラジウムは、「輝き」「科学」「高級」というイメージがあり、ラジウム鉱石などを入れた健康や美容にいいとする製品が売り出されました。

まったくラジウムが含まれていなくても「ラジウム」という名前をつけると、科学的で高級感があるというブランド力が期待されました。そこでたくさんのラジウムブランドの製品が出されました。中には、実際にラジウム入りのものもあり、健康被害が問題になった事例もあります。

ラジウムが含まれていないものも多々ありました。ラジウムブランドエナメル塗料、ラジウムブランドバター、ラジウムブランド葉巻き、ラジウムタバコ、ラジウムブランド袋（ポーチ）、ラジウムコンドーム、ラジウムビールなどです。

89

アクチニウム

Actinium
原子量(227)

「放射線、光線」を意味するギリシャ語(aktis)に由来。

銀白色の金属。アクチノイド(ローレンシウムまでの一五元素)はすべて放射性で、そのうち92番のウランまでが天然に存在します。93番のネプツニウムから103番のローレンシウムは寿命が短く、人工的につくられた元素です。ウラン鉱に含まれますが、ごくわずかなので分離・精製は困難です。研究用です。

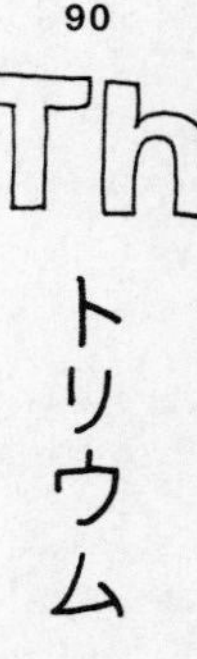

Thorium
原子量 232.0

トール石（thorite）から発見されたことが由来。トール石の由来は北欧神話に登場する雷神（Thor）。

次世代の原子炉として期待!?

やわらかい銀白色の金属。同位体二五種はすべて放射性です。モナズ石、トール石に含まれ、地殻中にウランの約三倍存在しています。二酸化トリウムは融点が三三九〇度で耐火性に優れているので、特殊るつぼ用の材料やガス灯のマントルに利用されました。

未だほとんど普及していませんが、トリウム溶融塩原子炉は、次世代の原子力発電の原子炉として期待されています。すでにレアアース採掘の副産物として多量のトリウムを入手できるインドや中国では、トリウム溶融塩原子炉の計画が進んでおり、二〇一一年に中国が本格的に開発に取り組むことを発表しています。その後、欧米やアジアなど世界各国で関心が高まっています。

トリウムはフッ化トリウムという化合物にし、それを溶融して（つまりは液体状態にして）使います。利点は、核燃料のトリウムがウランよりも存在量が多いこと、理論上、炉心溶融しないこと、また、火だねとしてプルトニウムを使うのでプルトニウムを消滅させられることです。もし、核反応が暴走する事態になっても、溶融塩なので既に融けた液体状態であるため、溶融塩の入った原子炉容器のふたが融けて落下して封じ込め室に流れ込み、核暴走が止まるのです。

トリウム溶融塩の原子炉や配管に対する腐食性に耐える材料の開発など技術的な課題がありますが、それらを克服して、次世代の原子炉として本格的に利用されていく可能性を秘めています。

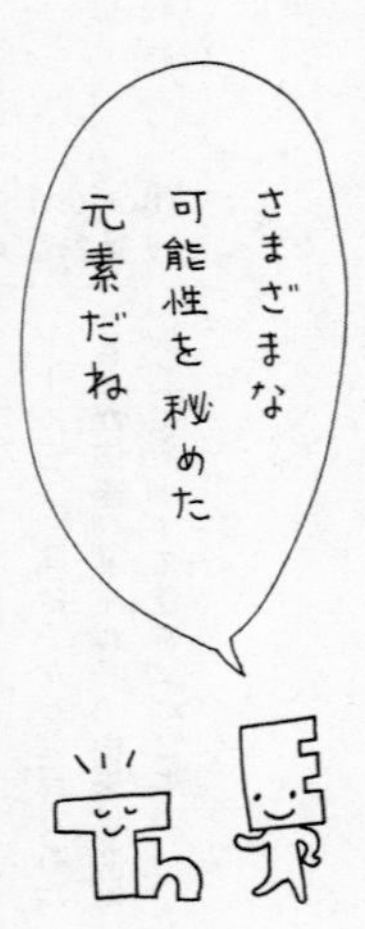

91

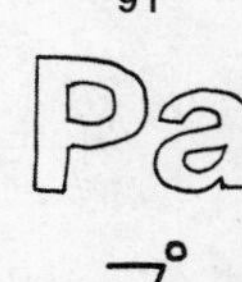

プロトアクチニウム

Protactinium
原子量 231.0

アクチニウムができる元（いわばその親）であるところからアクチニウムに原型を意味するギリシャ語（prot）を冠して命名。

銀系色の金属で、同位体二〇種はすべて放射性です。ウラン鉱にわずかに含まれます。強い放射性のため、研究用です。

column

「周期律表」という言葉は間違い

元素を原子番号の順に並べると、その性質が周期的に変化する規則性のことを「周期律」といいます。周期律に基づいて原子番号順に元素記号を並べ、作成した表のことを「周期表」といいます。

ところが時折「周期律表」という言葉を見かけます。「周期律」と「周期表」がごっちゃになって「周期律表」という言葉ができたのかもしれません。

なお、高等学校の化学の教科書、大学での化学の教科書、化学の辞書、化学の専門書にいたるまで、化学分野では「周期律表」という言葉は使われていません。

92

U ウラン

Uranium
原子量 238.0

ギリシャ神話の天の神にちなんだ天王星（Uranus）を語源とし現代ラテン語風に標記したもの。

原爆と原発

銀白色の金属です。天然に比較的豊富に存在する元素中もっとも原子番号が大きい元素です。もっとも多く存在するのはウラン２３８（九九・二七四二パーセント）で半減期は四十四億六千八百万年。遮光した写真乾板をウラン鉱のそばに置くと感光することから、ベクレルは放射能の存在を発見しました。キュリー夫妻はウラン鉱からラジウムとポロニウムの抽出に成功し、自然に放射性崩壊（放射線を出しながらより原子番号が小さい別の元素になっていくこと）を起こすことを初めて証明しました。

そして、マリ・キュリーは、ウランなど放射性物質がもつ放射線を出す性質、能力を「放射能」と名づけました。

ウラン２３５の原子核に中性子をぶつけると、それが二つの新しい原子核に壊れます。

これを核分裂といいます。ウランの核種の中でウラン235が一番核分裂を起こしやすいので、原子爆弾（ウラン235の濃度が九〇パーセント以上）や原子力発電の核燃料（濃度三〜五パーセント）に用いられています。

天然ウランには、核分裂しやすいウラン235は約〇・七パーセントしか含まれていません。残りの九九・三パーセントは核分裂しにくいウラン238です。そこで、ウラン235を濃縮することが必要です。濃縮ウランは、ウラン235とウラン238の質量のわずかな違いを利用した遠心分離などによって得られます。

ウラン235が核分裂を起こすと、中性子が二〜三個飛び出し、同時に多くのエネルギーが出ます。ウラン235の一個に核分裂を起こさせると、そのとき飛び出した中性子が、さらに、近くにあるウラン235にぶつかって核分裂を起こします。そこで飛び出した中性子がまた近くのウラン235にぶつかって核分裂を起こします。

このように、次々と反応が起こります。この反応を核分裂連鎖反応といいます。その結果、きわめて多量のエネルギーが出ます。このとき出るエネルギーを、原子エネルギーや核エネルギーなどとよんでいます。

◆ウラン235の核分裂連鎖反応

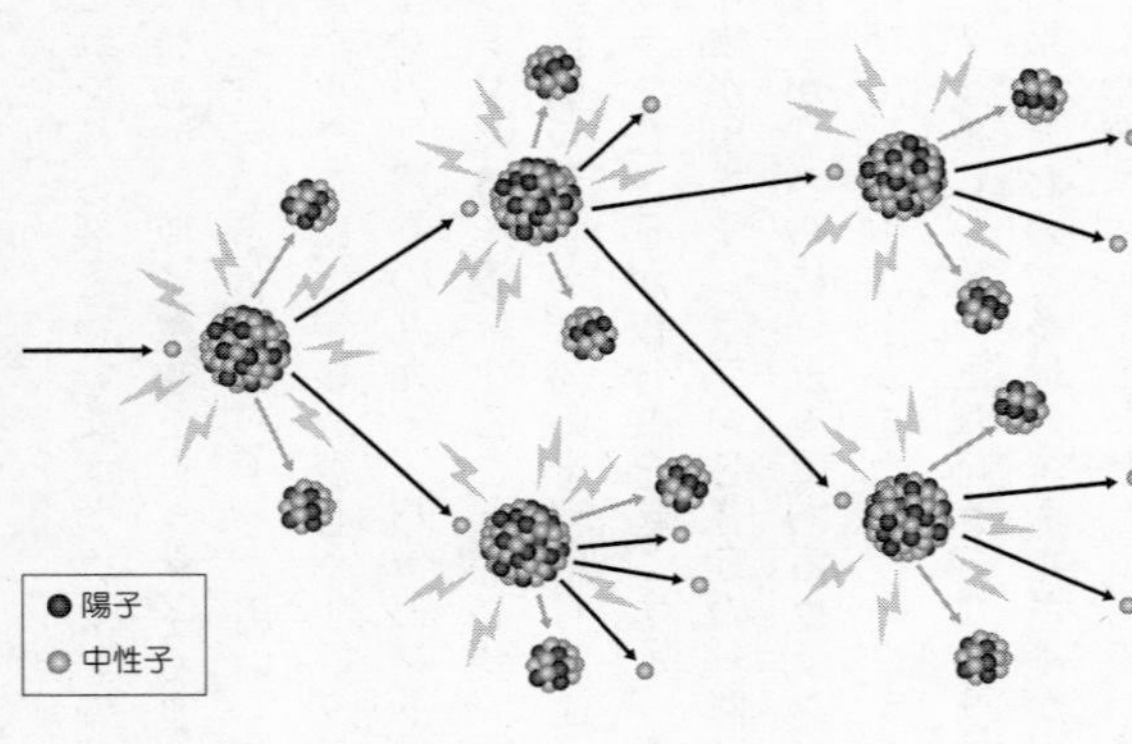

原爆に使うのはウラン235やプルトニウム239です。広島原爆はウラン型で、ウラン235を濃縮して高純度（九〇パーセント超）の核燃料にしています。

原爆は爆発のタイミングに合わせて、核爆発の連鎖反応に必要な臨界量（数キログラム）のウランやプルトニウムを一つに集める爆縮などに高度な技術が必要です。

原発の核燃料はウラン235です。原発は、持続的にゆっくりと核分裂が続くようにしているのです。原爆とは必要な濃縮度が違います。ウラン235を約三パーセントに濃縮したものを使っています。

核燃料は、被覆管の中にペレット（燃料

を焼き固めたもの。いわば瀬戸物）の形で入っています。ペレットの中で起こる核分裂による熱で、水を高温・高圧の水蒸気にします。その水蒸気でタービンを回し、タービンに結ばれた発電機を回して発電しています。

劣化ウランとは、原子爆弾や原子力発電の核燃料の製造に必要なウラン濃縮の過程で発生するウランです。劣化ウランは核燃料をつくった残りかすです。しかし、残りかすといっても、依然として天然ウランの六〇パーセントの放射性をもっていますし、ウランの重金属としての化学毒性ももっています。

劣化ウラン製の砲弾が劣化ウラン弾です。ウランは密度が極めて高く、砲弾に使うと戦車の装甲をも貫通し、細かい粉末になり発火しながら酸化ウランになって空気中に飛び散ります。

米軍などが湾岸戦争やコソボ紛争などで劣化ウラン弾を使ったので、劣化ウラン弾が飛び散ったものを吸入したことが現地住民や帰還兵に見られる健康被害の原因になっているのではないかという疑いがあります。

なお、わが国の自衛隊では劣化ウラン弾ではなく、硬度の高いタングステンを用いたタングステン弾を保有しています。

93

Np ネプツニウム

Neptunium
原子量（237）

ローマ神話の海神 Neptunus にちなんだ海王星（Neptune）に由来。

銀系色の金属です。ウランは天然に比較的豊富に存在する元素の中でもっとも原子番号が大きい（ウランで92）ので、原子番号93のネプツニウム以降の元素を「超ウラン元素」とよんでいます。そこで、原子番号93以降は人類がつくり出した元素になります。

原子炉内でウラン２３８に中性子を当ててつくり出されましたが、天然でもウラン鉱の中にごく微量存在しています。放射性が強く、研究用です。

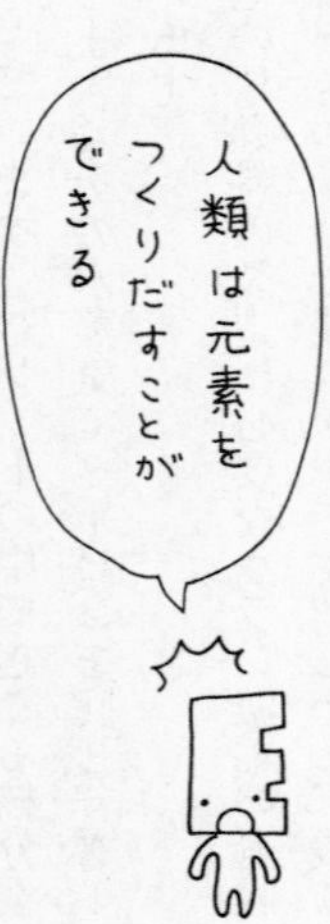

94

Pu

プルトニウム

Plutonium
原子量（239）

海王星の次に発見された冥王星（ローマ神話に出てくる冥府の王 Pluto からとった）の名前に由来。

プルトニウムは飲んでも平気⁉

銀白色の金属です。一九四〇年末にグレン・シーボーグ（一九一二〜一九九九）らによって人工元素として初めてつくられた元素です。強い放射性をもっています。発見当初は完全な人工元素と考えられていましたが、ウラン鉱石などにごく微量に存在していることがわかりました。ある見積もりによると、地球上には天然のプルトニウムが〇・〇五グラムあるといいます。プルトニウム２４４は天然ではもっとも密度が大きい元素です。

一九九三年に動力炉・核燃料開発事業団（動燃、現・国立研究開発法人日本原子力研究開発機構）が企画制作したアニメの「プルト君」が出てくるプルトニウムの平和利用や安全性を説明する広報用ビデオがありました。

プルト君は〝プルトニウムに対する誤解を解く〟という立場から、「プルトニウムは青酸カリのように飲んだらすぐ死ぬという劇薬ではない」「プルトニウムは皮膚から吸収されず、また水と一緒に飲み込まれてもほとんど吸収されず、体の外に出てしまう」「胃や腸に入った場合も、ほとんどが排泄されて体の外に出てしまう」から「飲んでも大丈夫」としてプルトニウムをごくごく飲んで見せる場面がありました。しかし、これは国内外から批判が生じたため、絶版になり、改訂版がつくられたとのことです。

プルトニウムを飲むとどうなるのか、原子炉用の再生燃料（ＭＯＸ燃料）に使われる酸化プルトニウムで考えてみましょう。原子炉内のプルトニウムは、Pu２３８やPu２３９がメインです。原子炉内にPu２３９は重量では六一パーセントを占めますが、放射能としては八・六パーセントに過ぎません。放射能はPu２３８が七八パーセントを占めています。

酸化プルトニウムを飲むと消化管に入ります。消化管からの吸収率は、非常に小さく〇・〇〇一パーセント程度です。血液中に入ると、肝臓および骨に移行します。肝臓および骨にとどまり、アルファ線を近くの組織に照射します。

このように消化管からの吸収率が非常に低いことから、プルト君の広報用ビデオは「飲んでも大丈夫」としたのでしょう。コップで飲む場面ですから摂取は少量とはいえ、ごく少量でも吸収され、長い間に沈着したものからの体内被ばくによるがんの発生の危険性は増加すると考えるべきでしょう。

プルトニウムの摂取で一番注意すべきは吸入です。プルトニウムで汚染された空気を吸入した場合、鼻から肺までの呼吸気道のいろいろな場所に沈着します。とくに大型の粒子の場合と小型の粒子の一部は鼻の部分に沈着するといわれます。もっとも小型の粒子は、最終的に肺の肺胞に沈着します。

ただし、人体には防御のしくみがありますので、気道の表面に生えている繊毛（細い毛）がちりなどの異物を粘液と共に気道の上部に送り出し、さらには食道に送られて、大便と共に排泄されます。ですから、肺の深部に沈着するのは吸入量の四分の一程度といわれています。

95

Am

アメリシウム

Americium
原子量(243)

ランタノイドのユウロピウム（ヨーロッパ大陸に由来）に対応して、アメリカ大陸に由来。

銀白色の金属です。原発の使用済み燃料棒にたまるプルトニウム２４１の娘核種なので大量に生産され、放射線で厚みを測る計器に利用されています。わが国では一部の煙感知器（イオン化式のもの）に利用されていましたが、放射性廃棄物の取り扱いが厳格化したことから、現在では生産されていません。

イオン化式の煙感知器は、アメリシウム２４１の付いた金属板の前ではアルファ線で空気がイオン化しますが、煙が入ってくると空気のイオン化を邪魔するので、電流の変化を検出して煙の存在を感知するしくみです。

96

Cm

キュリウム

Curium
原子量(247)

キュリー夫妻（ピエール・キュリー、マリ・キュリー）に由来。

人工元素。銀白色の金属です。原子力電池に活用することが考えられましたが、プルトニウム238のほうがよく用いられるようになり、今のところ研究用です。

97

Bk バークリウム

人工元素。銀白色の金属です。研究用です。

Berkelium
原子量(247)

カリフォルニア大学のグループによって発見されたので、大学の所在地バークレー市に由来。

98

カリホルニウム

人工元素。銀白色の金属です(推定)。同位体の中に、中性子があたったわけでもないのに、ひとりでに核分裂を起こす(自己核分裂)核種があります。

Californium
原子量(252)

カリフォルニア大学のグループによって発見されたことに由来。

99

Es

アインスタイニウム

Einsteinium
原子量(252)

相対性理論の提唱者の物理学者アインシュタインに由来。

人工元素。銀白色の金属です(推定)。人工元素なのに、原子炉内や加速器を用いて人為的に合成したのではなく、「野外」で採取された試料から発見されました。

一九五二年、マーシャル諸島エニウェトク環礁で核兵器開発のための水爆実験が行われました。史上初の水爆でした。水爆では、起爆剤に原爆が用いられます。このとき使われたのは濃縮ウランのようです。水爆で発生した多量の中性子が一度に何個もウランに吸収されて、超ウラン元素が一部できました。

この水爆実験で、エルゲラップ島が跡形もなく消滅しました。その一カ月後に実験場所で採取されたサンゴ一トンを処理してフェルミウムと共に発見されたのです。晩年、核兵器廃絶を訴えたアインシュタイン(一八七九〜一九五五)にちなんで、名前がつけられたのは皮肉というしかありません。

100

Fm

フェルミウム

人工元素。銀白色の金属です（推定）。アインスタイニウムと共に水素爆弾の実験による死の灰から発見されました。

Fermium
原子量（257）

初めて原子の人工転換に成功した原子物理学者フェルミに由来。

101

Md

メンデレビウム

人工元素。銀白色の金属です（推定）。

Mendelevium
原子量（258）

周期表の生みの親メンデレーエフに由来。

102

No

ノーベリウム

人工元素。銀白色の金属です（推定）。

Nobelium
原子量(259)

ダイナマイトの発明者、その遺産からノーベル賞が創設されたノーベルに由来。

103

Lr

ローレンシウム

人工元素。銀白色の金属です（推定）。

Lawrencium
原子量(262)

加速器サイクロトロンの発明者、アメリカの物理学者ローレンスに由来。

104

ラザホージウム

人工元素。銀白色の金属です（推定）。

Rutherfordium
原子量（267）

原子核を発見し、核物理学の父とよばれる、イギリスの物理学者ラザフォードに由来。

105

Db

ドブニウム

人工元素。銀白色の金属です（推定）。

Dubnium
原子量（268）

ロシアのドブナにある合同原子核研究所（旧名：ドブナ研究所）でつくられたことに由来。

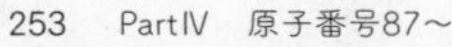

106

Sg

シーボーギウム

人工元素。銀白色の金属です（推定）。

一九九七年の命名当時、存命中の人物にちなんで名づけられた唯一の元素です（シーボーグは一九九九年に逝去）。

Seaborgium
原子量（271）

加速器で九種類の人工元素をつくったアメリカの物理学者グレン・シーボーグに由来。

107

ボーリウム

人工元素。銀白色の金属です（推定）。

Bohrium
原子量（272）

量子力学の基礎を築いたデンマークの物理学者ニールス・ボーアに由来。

108

Hs

ハッシウム

人工元素。銀白色の金属です（推定）。

Hassium
原子量(277)

一九八四年に合成に成功した重イオン研究所は、ドイツ・ヘッセン州にあるので、ヘッセン州のラテン名Hassiaに由来。

109

Mt

マイトネリウム

人工元素。銀白色の金属です（推定）。

Meitnerium
原子量(276)

ウランの核分裂反応を初めて証明したオーストリアの女性物理学者マイトナーに由来。